成功企业管理制度与表格典范丛书

安全管理必备制度与表格典范

杨宗岳　杨文代◎编著

企业管理出版社

图书在版编目（CIP）数据

安全管理必备制度与表格典范 / 杨宗岳，杨文代编著.—北京：企业管理出版社，2020.7

ISBN 978-7-5164-2148-2

Ⅰ.①安… Ⅱ.①杨… ②杨… Ⅲ.①企业管理—安全管理 Ⅳ.①X931

中国版本图书馆CIP数据核字（2020）第091467号

书　　名：安全管理必备制度与表格典范
作　　者：杨宗岳　杨文代
责任编辑：张　羿
书　　号：ISBN 978-7-5164-2148-2
出版发行：企业管理出版社
地　　址：北京市海淀区紫竹院南路17号　　邮编：100048
网　　址：http：//www.emph.cn
电　　话：发行部（010）68701816　　编辑部（010）68701891
电子信箱：80147@sina.com
印　　刷：唐山富达印务有限公司
经　　销：新华书店
规　　格：170毫米×240毫米　16开本　16.5印张　300千字
版　　次：2020年7月第1版　2021年11月第2次印刷
定　　价：68.00元

PREFACE 前　言

成功的企业，其生存和发展能力都非常强，有的甚至维持上百年长盛不衰。企业之所以成功，原因之一是这些企业通常都聚集了一群优秀的管理者，而这些优秀的管理者又是靠什么来实现管理的呢？很简单，他们靠的是灵活运用管理方法、管理技能、管理体系、管理文书、管理流程等管理工具，进行科学的、规范的管理。

企业管理制度是企业员工在企业生产经营活动中须共同遵守的规定和准则的总称。企业管理制度的表现形式或组成包括企业组织机构设计、职能部门划分及职能分工、工作岗位说明、专业管理制度、工作方法或流程、管理表单等管理制度类文件。纵观成功的企业，自身无不拥有完善的管理制度、流程、表格体系，在制度化、流程化、表格化管理方面堪当表率。

任何企业的管理都是一个系统工程，要使这个系统正常运转，实现高效、优质、高产、低耗，就必须运用科学的方法、手段和原理，按照一定的运营框架，对企业的各项管理要素进行规范化、程序化、标准化设计，形成有效的管理运营机制，即实现企业的规范化管理。

企业管理制度主要由编制企业管理制度的目的、编制依据、适用范围、管理制度的实施程序、管理制度的编制形成过程、管理制度与其他制度之间的关系等因素组成，其中属于规范性的因素有管理制度的编制目的、编制依据、适用范围及其构成等；属于规则性的因素有构成管理制度实施过程的环节、具体程序，控制管理制度实现或达成期望目标的方法及程序，形成管理制度的过程，完善或修订管理制度的过程，管理制度生效的时间，与其他管理制度之间的关系。

企业管理制度是企业管理制度的规范性实施与创新活动的产物，通俗地讲，企业管理制度＝规范＋规则＋创新。一方面，企业管理制度的编制须按照一定的规范来进行，企业管理制度的编制在一定意义上讲也是企业管理制度的创新，企业管理制度的创新过程就是企业管理制度文件的设计和编制，这种设计或创新是有其相应的规则或规范的。另一方面，企业管理制度的编制或创新是具有规则的，起码的规则就是结合企业实际，按照事物的演变过程，依循事物发展过程中内在的本质规律，依据企业管理的基本原理，实施创新的方法或原则，进行编制或创新，形成规范。

为了帮助企业完善制度体系，我们组织相关专家、学者编写了“成功企业管理制度与表格典范丛书”，本套丛书包括8个管理模块，每个模块独立成书。具体为：《行政管理必备制度与表格典范》《客户管理必备制度与表格典范》《企业内控管理必备制度与表格典范》《人力资源管理必备制度与表格典范》《营销管理必备制度与表格典范》《安全管理必备制度与表格典范》《财务管理必备制度与表格典范》和《供应链管理必备制度与表格典范》。

本套丛书最大的特点是具有极强的实操性和可借鉴性，它提供了大量的制度、表格范本，所有的范本都是对成功企业制度的解读，可供读者参考。

本套丛书可以作为企业管理人员、工作人员、培训人员在制定本企业管理制度时的参照范本和工具书，也可供企业咨询师、高校教师和专家学者做实务类参考指南。

由于编者水平有限，加之时间仓促、参考资料有限，书中难免出现疏漏与缺憾，敬请读者批评指正。

CONTENTS 目 录

第一章

实行安全生产责任制

第一节 安全生产责任制建立要点

安全生产责任制是企业最基本的安全管理制度，更是企业安全生产规章制度的核心。责任制实行到位和实行得好，能最大限度地调动员工的主观能动性、积极性和创造性，员工按法律法规、规章制度的要求做好各项工作，便能确保员工职业健康和企业的生产安全。

一、强调和强化各级领导者的作用与责任

领导作用是质量管理八大原则之一。领导勇于负责，敢于承担，以身作则，体现了领导者的人格魅力和大将风范，也是很有效的管理方法。其主要要求有：

（1）各级领导者必须严格要求自己，以身作则，落实好自己的安全生产职责。

（2）领导者必须对下级形成书面的安全生产责任，要求条款清晰可循，指定负责事项，并签字。

（3）领导者必须主动地定期对下级的责任落实情况进行检查、指导、督促，尤其是了解安全生产存在的不足和困难，主动地利用自己掌握资源多的优势为下属排忧解难，帮助下级解决安全隐患，对自己的工作负责，并形成书面记录。

（4）领导者应对下属工作监督不力负责。

（5）领导者若不听取下级汇报，对下级汇报的问题没有及时地采取有效措施而导致安全不符合项、出现安全事故时，作为领导者应负主要责任。

二、建立安全生产责任制

1. 安全生产责任制的主要内容

安全生产责任制的主要内容是：

（1）厂长、经理是法人代表，也是企业安全生产的第一责任人，对企业的安全生产负全面责任。

（2）企业的各级领导和生产管理人员，在管理生产的同时，必须负责管理安全工作，在计划、布置、检查、总结、评比生产的时候，必须同时计划、布置、检查、总结、评比安全生产工作。

（3）有关的职能机构和人员，必须在自己的工作职责范围内，对实现安全生产负责。

（4）员工必须严格遵守企业的安全生产法规、制度，不违章作业，并有权拒绝违章指挥，险情严重时有权停止作业，采取紧急防范措施。

2. 安全生产责任制编制原则

（1）企业应坚持“安全第一、预防为主、综合治理”的安全生产方针，明确各级领导和各职能科室的安全生产工作责任。

（2）企业法定代表人或主要负责人是本单位安全生产第一责任人，对实现本单位的安全生产负责。

（3）安全生产人人有责，每名员工都必须遵守本岗位安全责任和履行安全职责，实现全员安全生产责任制。

三、贯彻执行安全生产责任制

1. 提高认识

管理者应提高对安全生产的思想认识，增强贯彻执行安全生产责任制的自觉性。

2. 认真总结

管理者必须认真地总结安全生产工作的经验教训，按照不同人员、工作岗位和生产活动情况，明确规定其具体的职责范围。

3. 修改完善

在执行过程中，随着生产的发展和科学技术水平的提高，要对安全生产责任制进行不断的修改和完善。

4. 定期检查

管理者和职能部门必须经常和定期地检查安全生产责任制的贯彻执行情况，发现问题，及时解决。

（1）对执行好的单位和个人，应当给予表扬。

（2）对不负责任或由于失误而造成工伤事故的，应予批评和处分。

5. 全员参与

（1）企业在安全生产责任制的制定和贯彻执行过程中，要放手发动全员参加讨论，广泛听取员工意见。

（2）在制度得到审查批准后，管理者要使全体员工都知道，以便监督检查。

第二节 安全生产责任制建立制度

一、全员安全生产职责规范

<table>
<tr><td>标准文件</td><td></td><td rowspan="2">全员安全生产职责规范</td><td>文件编号</td><td></td></tr>
<tr><td>版次</td><td>A/0</td><td>页次</td><td></td></tr>
<tr><td colspan="5">

1. 主要负责人安全生产工作职责

1.1 建立健全本企业安全生产责任制。

1.2 组织制定本企业安全生产规章制度和操作规程。

1.3 保证本企业安全生产投入的有效实施，改善安全生产条件。

1.4 督促、检查本企业的安全生产工作，及时地消除生产安全事故隐患。

1.5 组织制定并实施本企业的生产安全事故应急救援预案。

1.6 及时地如实报告生产安全事故。

1.7 向职工大会、职工代表大会、股东会或股东大会报告安全生产情况，接受工会、从业人员对安全生产工作的监督。

2. 工作职责

2.1 是分管工作范围内的安全第一责任人，对分管工作范围内安全生产工作负领导责任，向董事长和总经理负责。

2.2 认真贯彻执行国家有关安全生产的方针、政策、法律、法规，及时地阅读并转发上级有关安全生产的文件，结合分管的工作提出具体贯彻意见，并组织贯彻落实。

2.3 负责组织编制公司年度安全生产目标和安全工作计划，经上级审批后组织贯彻实施。

2.4 领导技术监督和技术治理工作，组织编制公司安全生产规章制度和操作规程，组织编制生产安全事故应急救援预案，并根据情况的变化，及时地组织修改、补充完善。

2.5 负责分管安全生产的日常工作，充分发挥安全生产监督管理体系的作用，经常地听取安全管理人员的工作汇报，支持和指导安全管理人员履行工作职责。

2.6 组织编制年度安全技术劳动保护措施计划和反事故措施计划，做到项目、时间、负责人、费用落实，并负责督促实施。审查非标准运行方式、重大试验措施和重大检修项目的安全技术措施。

</td></tr>
</table>

2.7 参加或主持（董事长、总经理不在时）公司月度、季度安全生产分析会，掌握安全生产情况，及时地研究解决安全生产中存在的问题，组织消除重大事故隐患。

2.8 协助董事长（总经理）组织的定期安全大检查活动，对自查和上级检查发现的问题，包括重大安全隐患的治理工作，负责具体落实到部门或专人，限期完成。

2.9 负责组织岗位技术培训、安全规程考试及特种作业人员的培训、考试、取证工作，主持全厂性的反事故演习。

2.10 经常深入生产现场、班组，掌握安全生产情况，及时地制止违章违纪行为，总结安全生产经验，落实安全奖惩办法。每月至少参加一次生产部门或班组一级的安全分析活动，并进行一次生产现场夜间巡视。

3. 安全管理人员工作职责

3.1 贯彻执行安全生产的法律法规、规章和有关国家标准、行业标准，参与本单位安全生产决策。

3.2 参与制定并督促安全生产规章制度和安全操作规程的执行。

3.3 开展安全生产检查，制止和查处违章指挥、违章操作、违反劳动纪律的行为。

3.4 发现事故隐患，督促有关业务部门和人员及时地整改，并报告主要负责人。

3.5 开展安全生产宣传、教育和培训，推广安全生产先进技术和经验。

3.6 参与本单位生产工艺、技术、设备的安全性能检测及事故预防措施的制定。

3.7 参与本单位新建、改建、扩建工程项目安全设施的审查，督促劳动防护用品的发放、使用。

3.8 组织并参与本单位应急预案的制订及演练。

3.9 对生产安全事故进行调查和处理，对事故进行统计、分析。

3.10 法律、法规、规章规定的其他安全生产工作。

4. 行政部安全生产职责

4.1 协助领导贯彻上级有关安全生产指示精神，及时地阅读并转发上级和有关部门的安全生产文件、资料。

4.2 建立健全内部安全生产管理制度，并检查各项安全生产规章制度落实情况，确保办公区、员工活动区的安全生产。

4.3 组织落实重要时节的值班制度。

4.4 在安排总结工作的同时，也要安排总结安全生产工作。

4.5 对所属区域内的安全设备设施、消防器材进行检查维护，发现隐患及时排除。

4.6 对后勤保障工作的各个环节加强安全管理，防止发生安全问题。

4.7 编制劳动防护用品计划。

4.8 做好员工食堂卫生管理，预防发生食物中毒。

4.9 在高温环境下，为员工供应符合卫生要求的清凉饮料，合理使用防暑降温经费。

4.10 教育本部门员工严格遵守各项规章制度，提高员工的安全生产知识和安全防范意识。

5. 采购部安全生产职责

5.1 采购部负责人对本部门安全管理工作负全面责任。

5.2 贯彻执行国家及上级主管部门制定的职业安全卫生和劳动保护的法律、法规，落实企业制定的有关安全管理规定、规章和制度。

5.3 制定本企业危险品及其他物品的接收、储存、保管、检查、发放规章制度。

5.4 加强对仓库保管人员防火、防爆安全教育，并要求其会正确使用消防器材。

5.5 加强对客户、承运人进入危险品仓库、场地前的安全教育，督促其遵守企业的有关安全规定。

5.6 负责对企业安全技术措施项目所需设备、材料的采购和供应工作。

5.7 负责对员工劳动保护用品的采购、保管和按标准发放工作，应向政府主管部门许可的企业采购劳保用品。

5.8 向供货方索取危险化学品的安全技术说明书和安全标签。

6. 财务部安全生产职责

6.1 负责制定本部门的安全生产规章制度，落实安全生产责任制，开展安全生产教育和培训。

6.2 建立健全企业财务制度。按照国家规定或实际需要，按比例提取安全技术措施经费和其他劳动保护经费，并且单立科目，监督专款专用。

6.3 负责拨付对员工进行安全生产宣传教育和培训所需经费。

6.4 负责拨付各岗位员工劳动防护用品所需经费。

6.5 负责拨付有毒有害等特殊工种人员的体检和疗养经费。

6.6 负责拨付各岗位员工防暑降温经费。

6.7 对财务部所用设备、器材进行经常性检查，及时地解决安全隐患。

6.8 教育所属员工自觉遵守财务制度和各项安全生产规定。

6.9 掌握相关安全生产应急预案，一旦发生问题，负责保护企业现金、票证、账目等不受损失。

7. 车间负责人安全管理职责

7.1 保证国家安全生产法律法规和企业安全生产有关规章制度在本车间的贯彻执行。

7.2 组织制定实施车间安全管理规定、安全操作规程和制订安全技术措施计划。

7.3 组织对新员工（包括实习员工）进行车间安全教育和班组安全教育。经常性地对对员工进行安全意识、安全知识和安全技术教育。开展岗位技术练兵，定期组织安全技术考核。组织并参加班组安全活动日活动，及时地处理员工提出的意见。

7.4 每星期组织一次车间安全检查，落实隐患整改，保证生产设备、设施、消防设施、防护和应急器材处于完好使用状态，教育员工加强维护并正确使用。

7.5 组织各项安全生产活动，总结交流安全生产经验，表彰先进班组和个人。

7.6 对本车间发生的事故及时地报告和处理，要坚持“四不放过”原则，注意保护现场，查清原因，分清责任，采取防范措施，对事故的责任提出处理意见。

7.7 负责组织并落实好员工动火作业时的安全措施。

7.8 建立健全本车间安全管理网络，配备合格的安全技术人员，充分发挥车间和班组安全管理人员的作用。

7.9 严格执行上级有关劳动防护用品的发放标准和进入生产岗位必须穿戴好劳动保护用品的规定。

8. 员工安全生产工作职责

8.1 遵守劳动纪律，自觉执行企业安全规章制度和安全操作规程，听从指挥，杜绝违章行为。

8.2 保证本岗位工作地点和设备工具的安全、整洁，不随便拆除安全防护装置，不使用自己不该使用的机械和设备。

8.3 自觉并正确佩戴劳动防护用品。

8.4 积极参加安全生产知识教育和安全生产技能培训，提高安全操作技术水平。

8.5 不得擅自私拉乱接电线，不得擅自动用明火作业。

8.6 及时地报告、处理事故隐患，积极参加事故抢救工作。

8.7 有权及时批评、拒绝领导的违章指挥、违章操作、违反劳动纪律行为。

拟定		审核		审批	

二、安全生产责任考核和奖惩制度

标准文件		安全生产责任考核和奖惩制度	文件编号	
版次	A/0		页次	

1. 总则

1.1 安全生产是关系到国家和人民群众生命财产安全的大事，落实安全生产责任制是企业做好安全工作的关键。为了进一步贯彻落实“安全第一，预防为主”的方针，强化各级安全生产责任制，确保安全生产，特制定本制度。

1.2 本制度适用于本企业的各职能部门、生产车间。各部门都要根据企业安全生产责任制的要求，结合本部门的实际工作情况，按“一岗一责”的原则，从领导到员工细化各自的安全生产责任，并认真地贯彻执行。

1.3 本企业法定代表人和各部门主要负责人，是本企业和本部门安全生产的第一责任人，要贯彻“管生产必须管安全，谁主管谁负责”的管理原则；企业内各级领导人员和职能部门，必须在各自工作范围内对实现安全生产负责。

1.4 安全生产，人人有责。每个员工都要在自己的岗位上认真地履行各自的安全职责，实现全员安全生产责任制。

1.5 具体职责参见各级安全生产责任制。

1.6 检查和考核：

1.6.1 本安全生产责任，以“安全生产责任书”的形式进行检查和考核。“安全生产责任书”由企业总经理、副总经理对所属各部门的负责人进行签约；各部门负责人对本部门的员工进行逐级层层签约。

1.6.2 “安全生产责任书”的内容由安全职责、安全工作目标和其他相关内容所组成。

1.6.3 “安全生产责任书”的签订和考核时限为一年，一般在年初签订，平时进行安全生产责任制检查，年终总评。

2. 奖励

凡具有下列情况之一者，按其功绩大小，分别给予表扬或奖励：

2.1 对于安全技术规程执行得好，安全生产无事故、文明生产有显著成绩、年终评比前三名的部门分别奖 ×× 元、×× 元、×× 元。

2.2 对认真检查，发现重大事故隐患、及时地采取有效措施、积极参与抢险救灾，避免重大火灾、爆炸、人身伤亡、装置停产、主要设备损坏以及有其他显著成绩者，主管奖 ×× 元，所在部门继续奖励。

2.3 为保证安全生产，积极提出合理化建议，经有关部门审查，确有很大价值，列为安全技术措施项目，实施后，经实践考核有效者奖 ×× ～ ×× 元。

2.4 对改善劳动条件，消除尘、毒和噪声危害，预防职业病发生，对环境保护贡献较大的技术改进项目的主要成员分别奖 ×× ～ ×× 元。

2.5 在发生重大火灾、爆炸事故中，临危不惧，奋勇抢救、保护企业财产和人身安全，避免事故扩大，措施得力，成绩突出者奖 ×× ～ ×× 元。

2.6 对及时地制止违章和误操作并转危为安者奖 ×× ～ ×× 元。

2.7 举报事故经确认属实者，奖 ×× ～ ×× 元。

2.8 在安全专项活动及安全宣传教育中成绩显著的部门或个人，奖 ×× ～ ×× 元。

3. 处罚

违反《安全生产规章制度》和《安全操作规程》的部门和个人，企业应严格追究其违章违纪和造成事故的责任。

3.1 各种违章违纪的处罚：

3.1.1 凡不按公司规定办理各种作业票、证，视情节对作业部门或个人罚款 ×× ～ ×× 元 / 次，各种作业票、证涂改、代签、越级审批无效。

3.1.2 违反用火、用电和设备检修规定的视情节罚款 ×× ～ ×× 元 / 人或次。

3.1.3 凡违反禁烟规定，在禁烟区吸烟者罚款 ×× 元 / 人，在禁烟区内的各部门辖区内，发现烟头、烟灰等迹象罚责任部门 ×× 元 / 个。

3.1.4 违反劳动保护用品管理制度，不按规定着装，扣罚 ×× 元 / 人，穿带钉鞋进入易燃易爆等区域罚款 ×× 元 / 次。

3.1.5 凡由于生产、基建或检修需临时破坏的安全防护设施、设备等，完工后未修复的责令修复并扣罚施工单位 ×× ～ ×× 元 / 处。

3.1.6 各种车辆无安全措施入厂罚款 ×× 元 / 次，同时对当班保安责任人罚款 ×× 元 / 次。

3.1.7 凡不按规定持证上岗者，罚款 ×× 元 / 人或次。

3.1.8 损坏各种安全防护设施，防、灭火器材，安全标志的，赔偿经济损失的 ××% ～ ××%。

3.1.9 不按规定时间、内容对新工人进行入厂、调岗、复工教育的，处罚责任单位 ××/ 人或次。

3.1.10 各类事故隐患不按《限期整改通知书》按期完成的，处罚 ×× ～ ×× 元 / 项。

3.1.11 发生各类事故隐瞒不报、谎报或拖延不报的，扣罚责任单位 ×× 元 / 次。

3.1.13 发生事故后，凡不按照“四不放过”原则进行事故处理的，扣罚责任单位 ×× 元 / 起。

3.1.14 其他各种违章，视情节扣罚 ×× ～ ×× 元 / 人或次。

3.1.15 进入尘、毒、噪声等具有职业危害的工作场所，未按规定佩戴劳动防护用品者，经说服教育屡教不改者处罚款 ×× 元 / 人。

3.2 凡下列情况之一者，必须严肃处理：

3.2.1 对工作不负责任，因故发泄私愤，有意扰乱操作，造成经济损失和违反劳动纪律，不严格执行规章制度造成事故的主要责任者。

3.2.2 对已列入安全技术措施项目，不按期实施又不采取应急措施而造成事故的主要责任者。

3.2.3 对违章指挥、冒险作业，劝阻不听而造成事故的主要责任者。

3.2.4 对忽视劳动条件，削减或取消安全设施、设备而造成事故的主要责任者。

3.2.5 对限期整改的事故隐患，不按期整改而造成事故的主要责任者。

3.2.6 对设备长期失修，备用设备起不到备用作用，带病运转又不采取紧急措施而造成事故的主要责任者。

3.2.7 对违章设计、制造、安装或不按设计施工造成事故的主要责任者。

3.2.8 对发生事故后，破坏现场，隐瞒不报或谎报的主要责任者。

3.2.9 对发生事故后，不认真吸取教训，不采取措施致使事故重复发生的主要责任者。

3.2.10 在上级组织开展的单项安全活动期间，发生事故的主要责任者。

4. 其他未尽事宜

其他未尽事项按国家有关法律法规和公司规章制度规定办理。

拟定		审核		审批	

三、安全生产承诺制度

标准文件		安全生产承诺制度	文件编号	
版次	A/0		页次	

1. 总则

1.1 为强化全员安全意识，深入落实安全责任，提高全体职工遵章守纪的自觉性，确保公司的安全生产，现结合企业实际情况，特制定本制度。

1.2 认真落实安全承诺制度，是企业职工履行岗位安全职责的基本保证，全体职工均应向本单位进行书面承诺，签订安全承诺书。

1.3 安全承诺书的格式由公司统一制作，承诺人必须在安全承诺书上亲笔签字，并认真履行安全承诺。

1.4 各级领导要以岗位安全职责为主要内容，带头落实安全承诺制度。

2. 安全承诺内容

2.1 认真执行“安全第一、预防为主、综合管理”的安全生产方针，遵守公司各项安全生产规章制度，做到“三不伤害”，即不伤害自己，不伤害他人，不被他人伤害。

2.2 不违章指挥，不违章作业，不违反劳动纪律，抵制违章指挥，纠正违章行为。

2.3 严格执行《工艺技术操作规程》《设备操作规程》和《岗位安全技术操作规程》；从事特种作业人员必须持证上岗；从事危险作业、动火作业必须按规定程序进行审批后方可进行作业。

2.4 按规定着装上岗，穿戴好劳动保护用品。

2.5 主动接受安全教育培训和考核，牢记“四会”，即会报警、会自救、会互救，会熟练使用灭火器以及各类防护设施和救护器材。

2.6 严格履行岗位安全职责。

3. 安全承诺的范围和程序

3.1 与公司签订劳动合同的所有人员都应进行安全承诺。

3.2 新入厂员工在完成三级安全教育后，签订安全承诺书。转岗职工在完成新岗位的安全培训教育后，重新签订安全承诺书。如未按规定进行安全教育，职工不应在承诺书上签字。

3.3 承诺人必须熟悉安全承诺内容，并在安全承诺书上亲笔签字，杜绝他人代签。安全承诺书一式两份，一份由承诺人保存，一份由各单位安全管理部门存档。

3.4 安全承诺书每年一月份签订，有效期为 1 年。

4. 安全承诺的要求

4.1 企业各部门的安全第一责任人是实施安全承诺签字的总负责人，各部门是组织实施和考核安全承诺的责任部门，应定期对承诺书的落实情况进行检查考核。

4.2 安全承诺誓词:“我已接受过本岗位的安全教育，并熟知安全承诺书内容，愿认真执行，如违反本承诺，愿承担相应责任。”

5. 违反承诺的责任

承诺人违反承诺，造成责任事故或情节严重的，按照公司安全生产责任制和经济责任制考核办法，以及公司安全管理制度等有关条款进行处罚，并承担相应责任。

6. 附则

6.1 在涉及委托外协工程施工时，技改规划部、设备管理部、组织人力资源部和供应部等部门，应与工程项目施工单位、设备检修和保产维护单位、劳务输出单位，以及供货方现场安装（施工）单位的法人代表签订安全承诺书，并督促各相关企业同施工人员签订安全承诺书。

6.2 企业各分（子）公司参照本制度，制定本企业的安全承诺规定。

6.3 企业各部门要将安全承诺制度纳入安全生产责任制。

6.4 本制度由安全环保部负责解释。

拟定		审核		审批	

四、安全生产责任保险管理制度

标准文件		安全生产责任保险管理制度	文件编号	
版次	A/0		页次	

1. 目的

为增强员工的安全生产意识，规范公司工伤管理，依据《工伤保险条例》和法规的有关规定，结合公司的实际情况，特制定本制度。

2. 适用范围和生效时间

2.1 适用范围：×× 公司所有在岗员工。

2.2 生效时间：本制度自 ××× 年 ×× 月 ×× 日起生效。

3. 责任区域和安全管理责任人

3.1 责任区域：生产室、车间、原材料仓库、施工现场和配电房等。

3.2 管理责任人：部门主管或责任人。

3.3 人力资源部：负责工伤投保和工伤管理。

4. 工伤管理程序

4.1 工伤事故预防与控制

4.2 办理投保

4.2.1 新员工入职时，向人力资源部提交有效的证件或证明文件（包括身份证、健康证等）。

4.2.2 新员工入职的 ×× 个工作日内，人力资源部到政府保险部门办理工伤保险或人身意外保险的投保手续。

4.2.3 每月 30 日前，人力资源部办理参保人员次月续保的相关手续以及退保人员的更新工作。

4.3 事故处理

4.3.1 现场处理。

（1）当发生工伤事故时，事故现场人员必须同时向责任区域第一责任人或值班授权人报告。

（2）第一责任人或授权人必须在 ×× 分钟内赶到事故现场，了解并处理现场工作。

4.3.2 事故申报。

（1）事故上报：第一责任人或授权人必须在 ×× 个小时内将事故经过报告书、伤者病历本、疾病诊断证明书或者住院通知书一起报人力资源部。

（2）事故申请：人力资源部必须在 ×× 小时内按有关要求将事故向保险部门申报。

4.3.3 医疗终结处理。

人力资源部须在事故发生后的 3 个月内，在保险部门官网打印“工伤鉴定申请表”，如 3 个月还未出院的，待出院之日起 3 个月内，再到保险部门官网打印“工伤鉴定申请表”。

（1）工伤医疗期满后，人力资源部负责带需要做工伤鉴定的伤者到保险部门指定的医院做工伤鉴定，不需要做鉴定的出具工伤处理结案意见书。

（2）人力资源部负责跟踪落实保险公司的索赔。如因伤者本人提供虚假证件或资料造成保险公司不予理赔的，所有医疗费用及后果由伤者本人承担。

4.4 奖励和惩处

4.4.1 奖励：所有安全责任部门。

（1）半年内无发生工伤事故，公司予以奖励 ×× 元。

（2）一年内无发生工伤事故，公司予以奖励 ×× 元。

4.4.2 处罚。

（1）人力资源部。

① 因过失未购买工伤保险或未按时申报，致保险部门不予理赔产生的工伤医疗费用，则由工伤保险主办人承担 ××%，由人力资源部经理承担 ××%。

② 如工伤员工被鉴定为 1 ～ 10 级伤残，则另对工伤保险主办人加罚 ×× 元 / 次，对人力资源部经理加罚 ×× 元 / 次。

（2）生产部。

① 第一责任人：承担公司所支付工伤津贴费用的 ××%。

② 第二责任人：承担公司所支付工伤津贴费用的 ××%。

③ 第三责任人：伤者本人承担企业所支付工伤津贴费用的 ××%。

（3）工伤人员。

因工伤人员本人违反规定导致无法上报保险部门索赔的，一切治疗费用由事故当事人承担，并承担造成的后果责任。

①工伤治疗费用在 ×× 元以下（含 ×× 元），保险公司不予理赔，其费用由第一、第二、第三责任人分别承担 ××%、××%、××%。

②以上对相关责任人的工伤罚款，由人力资源部于结案时在工伤结案报告中列明，并报总经理审批后送财务部在责任人工资中扣除。

③事故相关责任人最高处罚限额 ×× 元 / 次。

5. 其他相关说明

5.1 治疗费用

先由部门经理向财务部借款垫付，待工伤理赔结案后向财务部办理退款手续。

5.2 检查及药费

特殊检查治疗项目（如 CT 检查）须先通知人力资源部，并报保险部门审批，中药费或补品类药费不予报销。

5.3 工伤医疗期

由医院证明或工伤鉴定机构确定。

5.4 医疗期工资

5.4.1 计时工资员工：××% 工资设定额。

5.4.2 计件制员工：×× 元 / 天的工伤津贴。

拟定		审核		审批	

第三节 安全生产责任制建立文书

一、法人安全生产承诺书

法人安全生产承诺书

根据《安全生产法》和《×× 省安全生产条例》，我作为本公司的法定代表人和安全生产第一责任人，对本公司的安全生产工作负全面责任。本人保证：认真贯彻执行国家、省、市关于安全生产的法律、法规、政策和工作要求，积极落实安全生产主体责任，加强基础建设，提升企业安全生产本质水平，努力做好本公司的安全生产工作，减少和杜绝安全生产事故，创造良好的安全环境。我郑重

承诺：

1. 依法建立安全生产管理机构，配备符合法定人数的安全生产管理人员，保证安全生产管理机构发挥职能作用，安全生产管理人员履行安全管理职责，使安全生产管理做到标准化、规范化、制度化。

2. 依据国家有关安全生产法律、法规、标准，建立健全安全生产责任制和各项规章制度、操作规程并严格落实到位。

3. 确保资金投入，按规定提取安全费用和缴纳安全生产风险抵押金，具备法律、法规、规章、国家标准和行业标准规定的安全生产条件。

4. 依法对员工进行安全生产教育和安全知识培训，做到按要求持证上岗。

5. 不违章指挥，不强令员工违章冒险作业。

6. 深入生产现场，定期检查安全生产，及时发现、上报和排除安全隐患。按省、市有关要求，主动上报安全生产信息，落实重大危险源监控责任，对重大危险源实施有效的监测、监控和整改。

7. 依法制订生产安全事故应急救援预案，并定期组织演练，落实操作岗位应急措施。

8. 尊重从业人员依法享有的权益，告知员工作业场所和工作岗位存在的危险、危害因素、防范措施和事故应急措施。为员工提供符合国家标准或行业标准的劳动防护用品，并监督教育员工按照规则正确佩戴及使用。

9. 依法参加工伤社会保险，为员工缴纳保险费，按标准储存安全风险抵押金或缴纳安全生产责任险费用。

10. 自觉接受各级安全管理部门的监督和监察，绝不弄虚作假。按要求上报生产安全事故，做好事故抢险救援，妥善处理对事故伤亡人员依法赔偿等事故善后工作。

11. 履行法律法规规定的其他安全生产职责。

承诺单位（盖章）：　　　　　　　　法人代表签字：

日期：

二、总经理安全生产目标责任书

总经理安全生产目标责任书

为了认真地贯彻落实《安全生产法》《职业病防治法》和“安全第一、预防为主、综合治理”的方针，全面加强基础管理，进一步落实安全生产责任制，建立健全安全标准化管理体系，强化重大风险的监控措施，完善应急救援预案和应急保障体系，确保公司生产经营目标的全面实现，按照“谁主管，谁负责”的原则，公司董事长特与你签订“安全生产责任书”。

一、责任内容

1. 遵守国家和上级有关安全生产的法律、法规，坚持“以人为本、安全发展”的理念，加强安全生产管理，对公司的安全生产工作负主要责任。

2. 建立健全安全生产责任制，组织制定本公司安全生产规章制度和操作规程。

3. 按照国家关于企业安全生产费用的提取使用的有关规定，提取安全费用，切实保证对安全生产的资金投入，保证用于完善和改进安全生产条件，安全技术措施，安全培训教育费用到位。

4. 督促检查公司的安全生产工作，及时地如实报告安全生产事故，组织对重大事故的调查处理、分析和制定防范措施，落实好“四不放过”的原则，对造成安全事故责任者提出处理意见。

5. 督促检查安全生产工作，及时消除安全事故隐患，总结推广安全生产经验，对安全生产有突出贡献者给予表彰和奖励，对失职者或事故责任者给予责任追究。

6. 新建、改建、扩建工程项目的安全设施必须与主体工程同时设计、同时施工、同时投入生产和使用。

7. 组织制订并实施本单位的生产安全事故应急救援预案并督促演练。

8. 组织召开安全会，研究解决安全生产中的问题，检查、考核同级副职和公司所属单位正职安全生产责任制落实情况。

9. 听取安全部门工作汇报，接受安全培训考核，具备相应的安全生产知识和管理能力。

10. 及时地上报安全事故。

二、责任目标

1. 公司全年人身死亡事故为零，重伤事故为零。

2. 公司全年火灾、爆炸事故为零。

3. 公司全年资金安全事故为零。

4. 公司全年职业病事故为零。

5. 公司全年质量管理责任事故为零。

6. 公司全年新闻危机事故为零。

7. 为安全生产提供资源及时率达到 100%。

三、考核与奖惩

1. 本责任书由公司董事长负责组织进行检查考核，公司设立专项安全生产奖

励基金，用于安全生产目标考核奖惩兑现。

2. 年度完成本责任书各项考核指标，实现安全生产无事故，安全管理达标，给主要负责人进行奖励。

3. 年度内发生事故，完不成责任书上的各项考核指标，按公司有关规定考核。发生重大事故，实行“一票否决”。

董事长签字： 总经理签字：
日期： 日期：

三、安全生产目标责任书（财务部）

安全生产目标责任书（财务部）

为了进一步地落实安全生产责任制，做到“责、权、利”相结合，根据公司××年度安全生产目标的内容，现与财务部签订如下安全生产目标：

一、目标值

1. 全年人身死亡事故为零，重伤事故为零，轻伤人数为零。

2. 现金安全保管，不发生盗窃事故。

3. 每月足额提取安全生产费用，保障安全生产投入资金的到位。

4. 安全培训合格率达到100%。

二、责任内容

1. 对本部门的安全生产负直接领导责任，必须遵守公司的各项安全管理制度，不发布与公司安全管理制度相抵触的指令，严格履行本人的安全职责，确保安全责任制在本单位全面落实，并全力支持安全工作。

2. 保证公司各项安全管理制度和管理办法在本单位内全面实施，并自觉接受公司安全部门的监督和管理。

3. 在确保安全的前提下组织生产，始终把安全工作放在首位，当安全与销售、质量发生矛盾时，坚持安全第一的原则。

4. 参加生产会议时，首先汇报本单位的安全生产情况和安全问题落实情况；在安排本单位生产任务时，必须安排安全工作内容，并做好记录。

5. 在公司及政府的安全检查中杜绝各类违章现象。

6. 组织本部门积极参加安全检查，做到有检查、有整改、有记录。

7. 以身作则，不违章指挥、不违章操作。对发现的各类违章现象负有查禁的责任，同时要予以查处。

8. 虚心接受员工提出的问题，杜绝不接受或盲目指挥。

9. 发生事故，应立即报告主管领导，按照“四不放过”的原则召开事故分析会，提出整改措施和对责任者的处理意见，并填写事故登记表，严禁隐瞒不报或降低对责任者的处罚标准。

10. 必须按规定对单位员工进行培训和新员工上岗教育。

11. 严格执行公司安全生产各项禁令，保证本部门所有人员不违章作业。

三、考核与奖惩

1. 对于全年实现安全目标的按照公司生产现场管理规定和工作说明书进行考核奖励；对于未实现安全目标的按照公司规定进行处罚。

2. 接受主管领导指派人员对安全生产责任书的落实情况进行考核。

3. 发生一起死亡事故和爆炸、火灾、重大设备事故，除按照考核规定处罚外，同时对相关负责人处以罚款 ×× 元。

4. 发生一起重伤事故，除按照考核规定处罚外，同时对相关负责人处以罚款 ×× 元。

5. 轻伤负伤率超过规定标准，除按照考核规定处罚外，每超一起对相关负责人处以罚款 ×× 元。

6. 发生一起轻伤或恶性未遂事故，不按规定处理的或隐瞒不报、事后补报的，每次对相关负责人处以罚款 ×× 元。

7. 企业、政府组织安全检查中每发现一起违章现象，对相关责任人处以罚款 ×× 元。对查出的问题一次未按要求整改的罚金同上，并通报批评。

8. 安全管理目标全部达标，奖励 ×× 元。

四、附则

1. 本责任书一式二份。

2. 本责任书自签字之日起执行，至 ××× 年 ×× 月 ×× 日止。

总经理：　　　　　　　　　　目标责任人：

日期：　　　　　　　　　　　日期：

四、安全生产目标责任书（采购部）

安全生产目标责任书（采购部）

为了进一步地落实安全生产责任制，做到“责、权、利”相结合，根据公司

××年度安全生产目标的内容，现与采购部签订如下安全生产目标：

一、目标值

1. 全年人身死亡事故为零，重伤事故为零，轻伤人数为零。

2. 选择合格供应商，采购产品合格率达到100%。

3. 成品仓库事故隐患整改合格率达到100%。

4. 加强成品库仓库管理，安全设施合格率达到100%。

5. 部门安全培训合格率达到100%。

二、责任内容

1. 对本公司的安全生产负直接领导责任，必须遵守公司的各项安全管理制度，不发布与公司安全管理制度相抵触的指令，严格履行本岗位的安全职责，确保安全责任制在本部门全面落实，并全力支持安全工作。

2. 保证公司各项安全管理制度和管理办法在本部门内全面实施，并自觉接受公司安全部门的监督和管理。

3. 在确保安全的前提下组织生产，始终把安全工作放在首位，当安全与交货期、质量发生矛盾时，坚持安全第一的原则。

4. 管理者参加生产碰头会时，首先汇报本部门的安全生产情况和安全问题落实情况；在安排本部门生产任务时，必须安排安全工作内容，并做好记录。

5. 在公司及政府的安全检查中杜绝各类违章现象。

6. 组织本部门积极参加安全检查，做到有检查、有整改，记录周全。

7. 以身作则，不违章指挥、不违章操作。对发现的各类违章现象负有查禁的责任，同时要予以查处。

8. 虚心接受员工提出的问题，杜绝不接受或盲目指挥。

9. 发生事故，应立即报告上级领导，按照“四不放过”的原则召开事故分析会，提出整改措施和对责任者的处理意见，并填写事故登记表，严禁隐瞒不报或降低对责任者的处罚标准。

10. 必须按规定对部门员工进行培训和新员工上岗教育。

11. 严格执行公司安全生产各禁令，保证本部门所有人员不违章作业。

三、考核与奖惩

1. 对于全年实现安全目标的按照公司生产现场管理规定和工作说明书进行考核奖励；对于未实现安全目标的按照公司规定进行处罚。

2. 每月接受上级领导指派人员对安全生产责任书的落实情况进行考核。

3. 发生一起死亡事故和爆炸、火灾、重大设备事故，除按照考核规定处罚外，同时对相关负责人处以罚款××元。

4. 发生一起重伤事故，除按照考核规定处罚外，同时对相关负责人处以罚款

××元。

5. 轻伤负伤率超过规定标准，除按照考核规定处罚外，每超一起对相关负责人处以罚款××元。

6. 发生一起轻伤或恶性未遂事故，不按规定处理的或隐瞒不报、事后补报的，每次对相关负责人处以罚款××元。

7. 公司、政府组织安全检查中每发现一起违章现象，对相关责任人处以罚款××元。对查出的问题一次未按要求整改的处罚金同上，并通报批评。

8. 安全管理目标全部达标，奖励××元。

四、附则

1. 本责任书一式二份。

2. 本责任书自签字之日起执行，至×××年××月××日止。

总经理：　　　　　　　　　　目标责任人：

日期：　　　　　　　　　　　日期：

五、安全生产目标责任书（安全动力部）

安全生产目标责任书（安全动力部）

为了进一步落实安全生产责任制，做到“责、权、利”相结合，根据公司××年度安全生产目标的内容，现与安全动力部签订如下安全生产目标：

一、目标值

1. 实施危险化学品安全标准化，提高公司安全管理水平。

2. 无火灾、无爆炸、无死亡、无重大责任事故。

3. 轻伤事故不超过2起。

4. 重大事故隐患整改合格率达到××%以上，一般事故隐患整改合格率达到100%。

5. 安全设施完好率达到××%。

6. 关键装置、重点部位检查到位率达到××%。

7. 安全培训合格率达到100%。

8. 特种作业人员持证上岗率达到100%。

二、责任内容

1. 对本部门的安全生产负直接领导责任，必须遵守公司的各项安全管理制

度，不发布与公司安全管理制度相抵触的指令，严格履行本岗位的安全职责，确保安全责任制在本部门全面落实，并全力支持安全工作。

2. 保证公司各项安全管理制度和管理办法在本部门内全面实施，并自觉接受公司安全部门的监督和管理。

3. 在确保安全的前提下组织生产，始终把安全工作放在首位，当安全与交货期、质量发生矛盾时，坚持安全第一的原则。

4. 管理者参加生产碰头会时，首先汇报本部门的安全生产情况和安全问题落实情况；在安排本部门生产任务时，必须安排安全工作内容，并做好记录。

5. 在公司及政府的安全检查中杜绝各类违章现象。

6. 组织本部门积极参加安全检查，做到有检查、有整改，记录周全。

7. 以身作则，不违章指挥、不违章操作。对发现的各类违章现象负有查禁的责任，同时要予以查处。

8. 虚心接受员工提出的问题，杜绝不接受或盲目指挥。

9. 发生事故，应立即报告上级领导，按照“四不放过”的原则召开事故分析会，提出整改措施和对责任者的处理意见，并填写事故登记表，严禁隐瞒不报或降低对责任者的处罚标准。

10. 必须按规定对部门员工进行培训和新员工上岗教育。

11. 严格执行公司安全生产各禁令，保证本部门所有人员不违章作业。

三、考核与奖惩

1. 对于全年实现安全目标的按照公司生产现场管理规定和工作说明书进行考核奖励；对于未实现安全目标的按照公司规定进行处罚。

2. 每月接受上级领导指派人员对安全生产责任书的落实情况进行考核。

3. 发生一起死亡事故和爆炸、火灾、重大设备事故，除按照考核规定处罚外，同时对相关负责人处以罚款 ×× 元。

4. 发生一起重伤事故，除按照考核规定处罚外，同时对相关负责人处以罚款 ×× 元。

5. 轻伤负伤率超过规定标准，除按照考核规定处罚外，每超一起对相关负责人处以罚款 ×× 元。

6. 发生一起轻伤或恶性未遂事故，不按规定处理的或隐瞒不报、事后补报的，每次对相关负责人处以罚款 ×× 元。

7. 公司、政府组织安全检查中每发现一起违章现象，对相关责任人处以罚款 ×× 元。对查出的问题一次未按要求整改的处罚金同上，并通报批评。

8. 安全管理目标全部达标，奖励 ×× 元。

四、附则

1. 本责任书一式二份。

2. 本责任书自签字之日起执行，至 ××× 年 ×× 月 ×× 日止。

总经理： 目标责任人：

日期： 日期：

六、安全生产目标责任书（生产技术部）

安全生产目标责任书（生产技术部）

为了进一步地落实安全生产责任制，做到“责、权、利”相结合，根据公司 ×× 年度安全生产目标的内容，现与生产技术部签订如下安全生产目标：

一、目标值

1. 全年人身死亡事故为零，重伤事故为零，轻伤人数为零。

2. 合理安排生产，确保生产设备稳定正常。

3. 优化生产工艺技术，提高生产安全性能。

4. 设备按期进行维护保养，维修合格率达到 100%。

5. 员工安全培训合格率达到 100%。

二、责任内容

1. 对本部门的安全生产负直接领导责任，必须遵守公司的各项安全管理制度，不发布与公司安全管理制度相抵触的指令，严格履行本岗位的安全职责，确保安全责任制在本部门全面落实，并全力支持安全工作。

2. 保证公司各项安全管理制度和管理办法在本部门内全面实施，并自觉接受公司安全部门的监督和管理。

3. 在确保安全的前提下组织生产，始终把安全工作放在首位，当安全与交货期、质量发生矛盾时，坚持安全第一的原则。

4. 参管理者加生产碰头会时，首先汇报本部门的安全生产情况和安全问题落实情况；在安排本部门生产任务时，必须安排安全工作内容，并做好记录。

5. 在公司及政府的安全检查中杜绝各类违章现象。

6. 组织本部门积极参加安全检查，做到有检查、有整改，记录周全。

7. 以身作则，不违章指挥、不违章操作。对发现的各类违章现象负有查禁的责任，同时要予以查处。

8. 虚心接受员工提出的问题，杜绝不接受或盲目指挥。

9. 发生事故，应立即报告上级领导，按照“四不放过”的原则召开事故分析会，提出整改措施和对责任者的处理意见，并填写事故登记表，严禁隐瞒不报或降低对责任者的处罚标准。

10. 必须按规定对部门员工进行培训和新员工上岗教育。

11. 严格执行公司安全生产各禁令，保证本部门所有人员不违章作业。

三、考核与奖惩

1. 对于全年实现安全目标的按照公司生产现场管理规定和工作说明书进行考核奖励；对于未实现安全目标的按照公司规定进行处罚。

2. 每月接受上级领导指派人员对安全生产责任书的落实情况进行考核。

3. 发生一起死亡事故和爆炸、火灾、重大设备事故，除按照考核规定处罚外，同时对相关负责人处以罚款 ×× 元。

4. 发生一起重伤事故，除按照考核规定处罚外，同时对相关负责人处以罚款 ×× 元。

5. 轻伤负伤率超过规定标准，除按照考核规定处罚外，每超一起对相关负责人处以罚款 ×× 元。

6. 发生一起轻伤或恶性未遂事故，不按规定处理的或隐瞒不报、事后补报的，每次对相关负责人处以罚款 ×× 元。

7. 公司、政府组织安全检查中每发现一起违章现象，对相关责任人处以罚款 ×× 元。对查出的问题一次未按要求整改的罚金同上，并通报批评。

8. 安全管理目标全部达标，奖励 ×× 元。

四、附则

1. 本责任书一式二份。

2. 本责任书自签字之日起执行，至 ××× 年 ×× 月 ×× 日止。

总经理：　　　　　　　　　　目标责任人：

日期：　　　　　　　　　　　日期：

七、部门及车间安全生产目标责任书

部门及车间安全生产目标责任书

为加强本公司的安全管理工作，根据“谁主管，谁负责”的原则和认真贯彻“安全第一、预防为主”的安全生产方针，强化安全生产责任制，以预防、杜绝各类事故的发生，保障公司和个人的财产及生命安全，保障公司经济又好又快发展，依据相关安全生产法律法规要求，结合公司年度经营计划，特签订“××年度安全生产目标责任书”。

一、主要安全指标

1. 杜绝因工死亡事故和重大火灾事故。

2. 无重大交通事故和重大机械事故。

3. 无重大环境污染事故。

4. 因工重伤事故为零。

5. 职业病发生率为零。

6. 每百人每年因工轻伤事故率在××%以内。

7. 火灾事故损失控制在本部门总产值的××%以内。

二、责任内容

1. 对于各类工伤事故，车间负责人必须按照“四不放过”的原则进行调查处理，即发生事故未查出原因不放过，事故责任者未进行严肃处理不放过，本人和员工未受到教育不放过，未采取措施不放过。

2. 新进员工三级安全教育（入厂教育、车间教育、班组教育）、工伤职工的复工教育、改变工种和四新安全教育、特种作业人员上岗持证率达100%。

3. 事故隐患按期整改率达100%。对发现的不安全隐患要及时地组织整改，车间无力整改的要采取有效的安全防范措施，并及时地如实上报。

4. 生产现场安全通道（门）畅通，标志明晰，车间占道率小于××%。

5. 防护用品穿戴合格率100%，生产现场违章操作、违章作业、违章指挥现象为零。各岗位工作人员有权拒绝各种违章指挥。

6. 各种压力容器、起重机械、厂内机动车辆在安全检验周期内使用率达100%。防尘、防毒设备设施运行完好率达××%。

7. 严格执行员工伤亡事故管理制度，当发生员工伤亡事故、火灾事故和道路交通事故等，事故车间必须按伤亡事故的报告程序逐级上报。

8. 对外来实习人员及临时作业人员的安全教育、安全监管必须到位。

9. 督导各岗位严格执行本岗位的安全规程及各种安全制度。

10. 日常工作与安全管理工作发生矛盾时，要把安全工作放到首位。

11. 定期组织员工安全学习，学习安全规程，总结前一阶段安全工作，布置今后的安全工作。

12. 车间安全员必须按规定每月组织一次安全大检查，检查内容包括：不安全隐患、安全活动记录。

13. 部门经理在每次布置工作的同时，要根据公司的工作情况布置安全工作，并做好记录。

14. 车间安全装置、防护器具、消防器材的管理，确保完好率达 100%。

三、考核与奖惩

1. 公司每月考核一次“安全生产目标责任书”指标完成情况，并纳入当月车间（部门）经济责任制予以考核。

2. 公司定期或不定期组织召开安全生产经验交流会，对安全生产先进部门和个人，以及对预防重大安全伤亡事故有突出贡献的人员，予以表彰和奖励。

3. 因忽视安全生产、违章操作、违章指挥、玩忽职守或者发现事故隐患、危害情况而不采取有效措施以致造成伤亡事故的，公司将根据其情节轻重和损失大小，按照主要责任、重要责任、一般责任或领导责任等，予以相应的处罚。构成犯罪的，由司法机关依法追究其刑事责任。

本责任书一式二份，甲乙双方各执一份。自签字之日起执行，至 ××× 年 ×× 月 ×× 日止。

甲方：	责任单位（乙方）：
负责人：	负责人：
日期：	日期：

八、班组长安全生产目标责任书

班组长安全生产目标责任书

为认真贯彻“安全第一、预防为主”的方针，做到安全生产管理工作的标准化与规范化，预防和减少生产事故，保护公司财产安全和员工人身安全，本人自愿签定本安全生产责任书，并承诺做好以下工作：

一、安全指标

1. 因工死亡、重伤事故为零。

2. 职业病发生率为零。

3. 重大交通事故、重大机械事故、重大环境污染事故为、火灾事故为零。

4. 年因工轻伤率≤ 0.5%。

二、安全生产职责

1. 班组长对本班组的安全生产工作全面负责，是本班组安全生产的第一责任人。

2. 组织员工学习并贯彻执行公司、部门各项安全生产规章制度和安全技术操作规程，教育员工遵纪守法，制止违章行为。

3. 组织并参加安全生产活动，坚持班前讲安全、班中检查安全、班后总结安全。

4. 负责对新员工（包括实习员工、临时工）进行岗位安全教育（班组教育）。

5. 负责班组安全检查，发现不安全因素及时组织力量消除，并报告上级，发生事故立即报告，并组织抢救，保护好现场，做好详细记录。

6. 搞好生产设备、安全装备、消防设施、防护器具和急救器具的检查维护和保养工作，使其经常保持完好和正常运行。

7. 对员工进行经常性的安全思想和安全技术教育，督促教育职工合理使用劳动防护用品、用具，正确使用灭火器。

三、附则

本责任书自签字之日起生效，至 ××× 年 ×× 月 ×× 日止。

公司代表：　　　　　　　　班组长：
日期：　　　　　　　　　　日期：

九、员工安全生产目标责任书

员工安全生产目标责任书

为认真贯彻“安全第一、预防为主”的方针，做好公司 ××× 年度安全生产工作，强化企业内部安全管理，落实单位负责人安全生产责任制，保证完成上级下达的安全控制指标，确保公司及全体职工的生命财产安全，减少事故和职业病的发生，依据《中华人民共和国安全生产法》及其他有关安全生产的法律法规，按照“管生产必须管安全”和“谁主管，谁负责”的原则，本人自愿签订本安全责任书，并承诺做好以下工作。

一、工作目标

1. 人身伤亡事故、急性中毒事故、火灾事故、爆炸事故、生产事故、设备事故为零。

2. 轻伤率小于 ××‰。

3. 安全隐患的整改率达到 100%。

4. 达到法规规定的各项卫生标准。

二、员工工作任务

1. 平时要认真学习贯彻执行国家和上级安全生产方针、政策、法律、法规、制度和标准，坚决服从公司安全生产领导小组的领导，争做好安全生产工作的模范。

2. 认真学习和严格遵守企业安全生产领导小组发布的各项规章制度，遵守劳动纪律，不违章作业，并有权劝阻他人违章作业。

3. 精心操作，做好各项记录，交接班必须交接安全生产情况，交班者要为接班者创造安全生产的良好条件。

4. 正确分析、判断和处理各种事故苗头，把事故消灭在萌芽状态。发生事故，要果断正确处理，及时地如实向上级报告，严格保护现场，做好详细记录。

5. 作业前认真做好安全检查工作，发现异常情况，要及时地处理和报告。

6. 加强设备维护，保持作业现场整洁，搞好文明生产。

7. 上岗必须按规定着装，妥善保管、正确使用各种防护用品和消防器材。

8. 积极参加各种安全活动。

9. 有权拒绝违章作业的指令。

三、附则

1. 本责任书有效期限为一年，即从 ××× 年 ×× 月 ×× 日至 ××× 年 ×× 月 ×× 日。

2. 本责任书一式两份，双方各执一份。

安全生产办公室　　　　负责人签字：
责任人　　　　　　　　负责人签字：
日期：　　　　　　　　日期：

十、岗位安全生产承诺书

岗位安全生产承诺书

1. 认真学习公司的安全生产规章制度并严格遵守，认真执行本岗位安全操作规程。

2. 增强自我保护意识，做到不伤害自己、不伤害他人、不被他人伤害。

3. 特种作业必须持证操作。

4. 危险作业和动火作业，应按公司相关要求办理相关的审批手续后方可进行，并要认真做好防火、防爆、防漏、防毒等安全防护措施。

5. 保持作业现场整洁，坚持文明生产、不违章指挥、不违章操作。

6. 上岗必须按规定着装，正确使用劳动防护用品。

7. 精心操作，严格执行工艺纪律，做好各项记录，交接班必须交接安全生产情况，交班者要为接班者创造安全生产的良好条件。

8. 熟练掌握本岗位各项事故应急措施，发现异常情况及时处置，不延误时机。

9. 抵制违章指挥，制止违章作业行为。

10. 因违章违纪（如工作时未办理各种安全作业票证、脱岗、睡岗、干私活等）造成事故和人身伤亡，由责任人承担相应的责任。

11. 因设备带病运行造成事故或人身伤亡，由值班长、当班班长、当班操作者承担相应的责任。

本人承诺：我已经接受过本岗位安全教育，并熟知安全生产承诺书全部内容，愿认真执行，如违反本承诺，愿承担相应的责任。

单位：　　　　车间（工段）：　　　　承诺人：

日期：

第二章 安全目标管理

第一节 安全目标管理要点

一、了解安全目标的内容

安全目标内容包括确定企业安全方针和总体目标。企业为实现安全目标而制订的对策措施有以下三个方面：

1. 企业安全方针

企业安全方针应根据上级的要求和企业的主客观条件，经过科学分析、充分论证后加以确定，使用的文字应既简明扼要又激励人心。

2. 企业总体安全目标

总体安全目标是安全方针的具体化。它规定了企业实现安全方针在各主要方面应达到的要求和水平。总体目标由若干项目组成,每一个目标项目都应达到规定标准，而且这个标准必须数值化，即一定要有定量的目标值。一般来说，目标项目可以包括下图所示的几个方面：

方面一	工伤事故的次数和伤亡人数限度指标。它是指各企业根据其生产类型和规模大小因素，确定出各类工伤事故发生的次数和伤亡人数。工伤事故指标是安全目标管理中最重要的一项内容，是企业安全工作好坏的标志
方面一	工伤事故的经济损失。主要包括休工工时的损失；停工工时的损失；设备、工具等物资的损失；工伤治疗费用；需要到外地治疗的费用（除床位费、医疗费外，还有路费、住宿费、伙食补助等）；死亡抚恤费；配制假肢、假眼、假发和假牙等费用；其他费用，如轮椅、交通事故赔偿费等
方面三	日常安全管理工作的数据指标。对于日常安全工作如安全教育、安全评比、不安全因素的检查及整改等应转化为数据目标。可以将这类工作按其重要性和管理的难易程度，人为地给定一个标准分类，并按这些指标进行管理
方面四	企业安全部门主管的费用指标。这类费用包括防护用品费、安全技术措施费、清凉饮料费等。这些费用虽然不是目标管理的主要指标，但它们与企业经济效益有关，也须定出指标，不得超越适当范围

3. 对策措施

为了保证安全目标的实现，企业在制定目标时必须制订相应的对策措施，作为安全目标不可缺少的组成部分。

二、制定安全目标

安全目标的制定过程主要有下图所示的几个步骤：

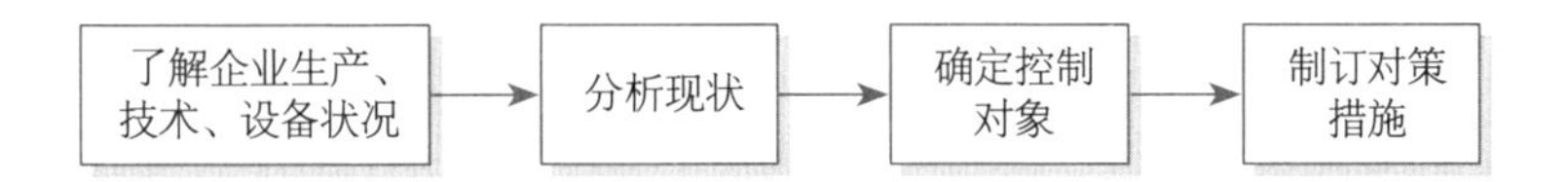

1. 对企业安全状况的调查分析评价

应用系统安全分析与危险性评价的原理和方法，对企业的安全状况进行系统、全面的调查、分析和评价。作为企业管理者应重点掌握如下情况：

（1）企业的生产、技术状况。

（2）由于企业发展、改革带来的新情况、新问题。

（3）技术装备的安全程度。

（4）人员的素质。

（5）主要的危险因素及危险程度。

（6）安全管理的薄弱环节。

（7）曾经发生过的重大事故情况及对事故的原因分析和统计分析。

（8）历年有关安全目标指标的统计数据。

2. 确定需要重点控制的对象

（1）人员。即心理、生理素质较差，容易产生不安全行为，造成危险的人员。

（2）作业场所。主要体现为：现实危险源，即可能发生事故，或可能造成人员重大伤亡、造成设备系统重大损失的生产现场；危害点，即尘、毒、噪声等物理化学有害因素严重，容易产生职业病和恶性中毒的场所。

（3）具体作业。包括危险作业和对本人、他人周围设施的安全有重大危害的特殊作业。

（4）容易出现安全故障的设备。

3. 制订对策措施

（1）企业制订对策措施应该抓住重点，针对影响实现目标的关键问题，集中力量加以解决。一般来说，可以从组织、制度、安全技术、安全教育、安全检查、隐患整改、班组建设、信息管理、竞赛评比、考核评价、奖惩等几个方面进行考虑。

（2）制订对策措施要重视研究新情况、新问题。如企业承包经营的安全对策、采用新技术的安全对策，要积极开拓先进的管理方法和技术，如危险源控制管理、安全性评价等。

（3）对策措施应规定时限，落实责任，并尽可能有定量的指标要求。

三、实施安全目标

安全目标在制定好之后，必须要付诸实施才能看到成效。

1. 安全目标的实施重点

重点一　分解安全目标

根据整分原理，制定安全目标就是整体规划，之后还应该明确分工，即在企业的安全总目标制定以后，应该自上而下层层展开，分解落实到各科室、车间、班组和个人，纵向到底，横向到边，使每个组织、每个员工都确定自己的目标和明确自己的责任，形成一个个人保班组、班组保车间、车间保厂部，层层互保的目标连锁体系

重点二　努力达成安全目标的认同

管理者在实施组织的安全生产目标时，必须采取参与的管理方式，充分发扬民主，让每个员工各抒己见，在广泛听取员工意见的基础上，实施和改进本组织的现代安全生产目标

2. 实施安全目标

（1）自我管理。自我管理即企业从上到下的各级领导、各级组织，直到每个员工都应该充分发挥自己的主观能动性和创造精神，追求实现自己的目标，独立自立地开展活动，抓紧落实、实现所制订的对策措施。

（2）实施监督检查。企业应实行必要的监督和检查，通过监督检查，对目标实施中好的典型要加以表扬和宣传，对偏离既定目标的情况要及时指出和纠正，对目标实施中遇到的困难要采取措施给予关心和帮助。

（3）做好上下交流。企业应建立健全信息管理系统，以使上情能及时下达、下情能及时反馈，从而使上级能及时有效地对下属进行指导和控制，也便于下属能及时地掌握不断变化的情况同时做出判断和采取对策，实现自我管理和自我控制。

（4）做好时间安排。

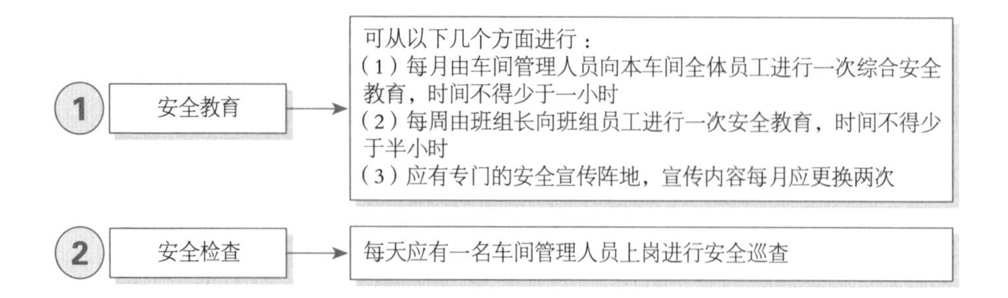

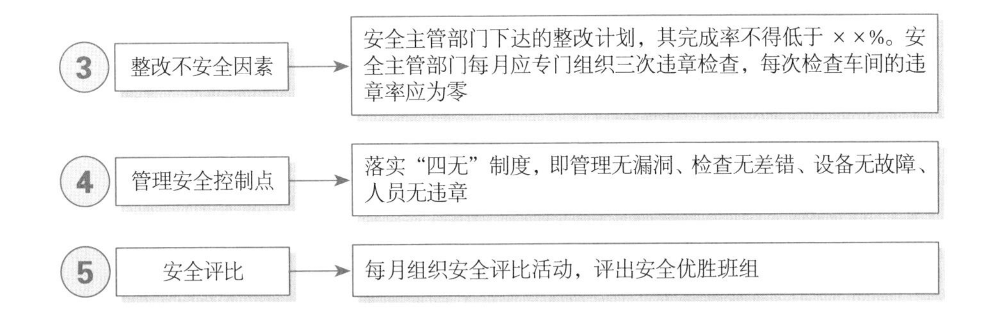

3. 提高安全目标执行的有效性

可以采取以下措施提高目标执行的有效性：

措施一　明确职责

每个执行人员须记住企业的总目标、自己的个人目标与工作进度表；对于未列入目标中的工作，企业所有员工也应用心去做，而不应只限于自己的目标执行工作，这样才能有效地完成自己所负责的全部工作；除日常管理工作外，各上级主管还须定期与下属员工接触，综合调整目标的达成状况，使整个部门的业务能平衡发展；如果发生特殊情况，需要及时报告上级，使上级能尽快掌握目标执行过程中的特殊变化，以便及时地做出反应

措施二　高层管理者亲自参与

企业高层管理者必须亲身参与，并对安全目标管理给予承诺；须将他本人对安全目标管理的兴趣及承诺告知全体员工

措施三　加强教育和培训

企业应加强有关安全目标管理的教育和培训，并使全体员工都能了解安全目标管理的精髓。对于安全目标管理的培训要经常化，务必使员工适应这种制度的实施，加强对这一制度的了解与认识

措施四　及时调整目标

企业员工在目标执行过程中可能会遇到外界环境发生变化，需要调整目标的情况，这时企业应根据具体情况，及时地做出调整

（1）目标之间是相互依存、互相影响的，假如某一部门改变目标，势必影响其他部门的目标，一个人的目标变更将使很多人要随之改变，这样容易破坏企业的目标体系

（2）目标不能变更频繁，否则就失去了本身的意义，而且会影响以后目标的设定

措施五 加强协商与沟通

协商是有效推行安全目标管理的关键，在上下对目标执行情况进行共同协商之际，应该由员工先发表意见，如此既可使员工的努力获得承认，又可增强他们的参与感

措施六 建立目标记录的统一格式

为减轻行政工作负担，应用企业统一设计的格式进行目标记录，而每个月（每周期）的执行记录，也要使用标准文书表格。为了适应各种不同情况，管理者要对目标执行状况加以督导。例如，可制作一种目标控制图，以便连续记录执行的状况，并能够非常方便地看出该目标的执行情况，从而进行有效的控制。可以设置载明一定时间的备查卷宗，将该目标记录放置其内。对该项目标的进行情况，可自动地进行查核并记录

措施七 编制执行报告书

虽然目标有定期的评估，但在执行期间内，管理者仍应与执行目标的下属保持联系，了解其执行近况，并往上呈报目标进展程度。管理者要控制及衡量各个部门的目标，就必须得依据各部门回馈的报告，该报告是目标管理的重点，可依据目标的性质，编制出“执行报告书”，提供给上级以了解获得何种实际成果

总之，安全目标执行是安全目标管理的重要内容，是把设定的目标变为现实的过程，这个过程涉及人、财、物的流动，因此企业应在目标执行过程中使用各种技巧，改善目标执行中的不合理操作，提高目标执行的有效性。

四、安全目标的跟踪

制定目标过后必须对目标实施跟踪，并做好评估工作以评价安全目标是否合适。

1. 安全目标的追踪形式

（1）追踪单。填写追踪单可以帮助确定目标追踪单计分指标，包括目标项目与重要性百分比、目标达成率、得分、自我考评及处理情形等。

（2）追踪卡。各部门管理人员每个月都需要填写目标追踪卡，并把实际执行情况与目标作比较。填写完目标追踪卡后，经上级主管签章后将其中一份送至追踪部门。管理人员在开会时，首先要追踪未结案的重点管制事项，并将上次开会决议事项与交办事项进行宣读，然后检查各部门的目标追踪卡，并进行比较。若发现差异，则要做出分析，并拟订改善措施。接下来要报告上次会议决议事项或交办事项的执行情形以及其他事项执行情形，若有某项目目标未达成，则在检讨中要做出特别说明；提出的咨询，各部门无法答复或上级主管对答复不满意，而上级主管又认为该咨询事项重要时，可将该事项列入交办事项。在检讨会或其他任何会议上，若产生某项

决定，而该项决定必须由各部门去执行时，应以《交办事项追踪管制办法》进行追踪管制。

2. 安全评估

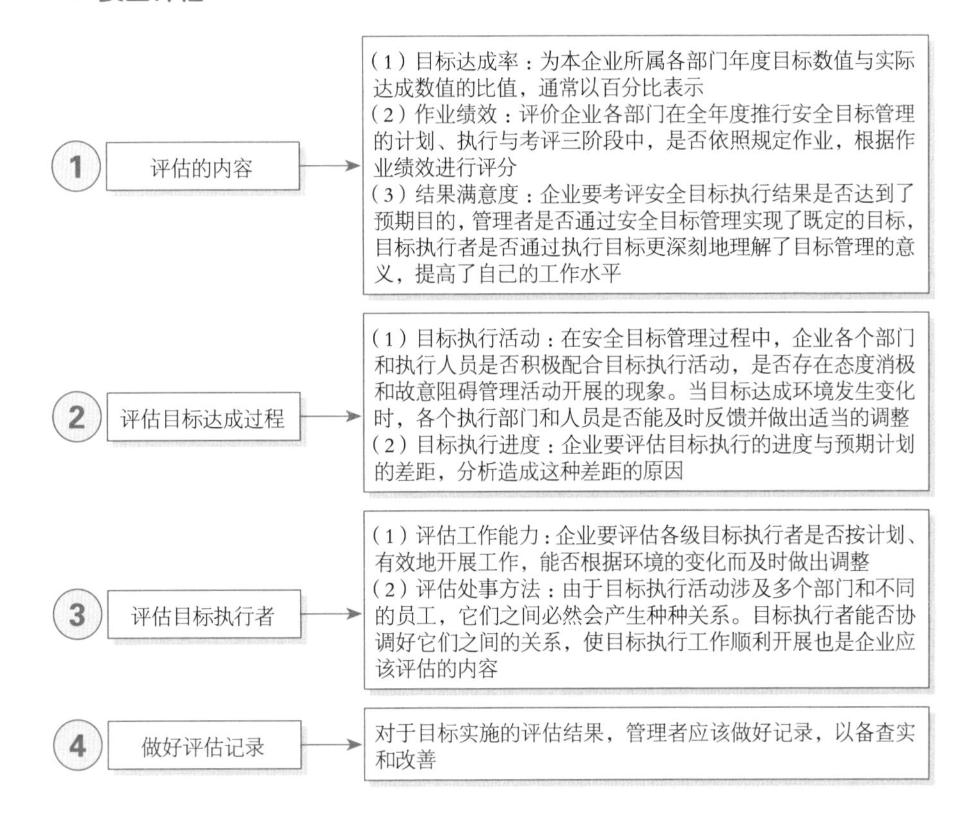

第二节 安全目标管理制度

一、安全生产目标管理制度

<table>
<tr><td colspan="2">标准文件</td><td rowspan="2">安全生产目标管理制度</td><td>文件编号</td><td></td></tr>
<tr><td>版次</td><td>A/0</td><td>页次</td><td></td></tr>
<tr><td colspan="5">1. 目的
为了明确安全生产目标与指标的制定、分解、实施、考核等内容，使公司安</td></tr>
</table>

全生产目标管理规范化和制度化，确定公司安全生产目标能层层分解落实，特制定本制度。

2. 适用范围

适用于各部门、车间和全体员工。

3. 职责

3.1 公司总经理负责制定并批准公司安全管理目标、指标和管理方案。

3.2 主管安全的责任人负责制订目标指标和方案。

3.3 安全部负责制订管理方案并组织有关职能部门实施。

3.4 各职能部门负责本部门的指标分解和具体实施。

4. 管理规定

4.1 总原则

4.1.1 根据公司安全生产方针和总体指标、各部门提出各自的年度安全生产目标。

4.1.2 安全部负责汇总各单位安全生产目标的内容，由安全生产领导小组对所建立目标的全面性、合理性进行审查，经审查合格后形成公司年度安全生产目标，并由总经理以文件形式签发。

4.1.3 公司将形成的年度安全生产目标分解到部门，并由总经理以文件形式签发。

4.1.4 公司年度安全生产目标的完成情况，主要通过考核来认定。

4.2 安全方针

安全第一，预防为主，综合治理；全员参与，科学管理，持续改善。

4.3 安全生产目标

4.3.1 因公重伤、死亡事故为零。

4.3.2 重大设备、责任事故为零。

4.3.3 主责交通事故率为零。

4.3.4 火灾、爆炸事故为零。

4.3.5 刑事案件、盗窃与治安事故为零。

4.3.6 年度事故损失小于 ×× 万元。

4.3.7 因公千人轻伤率 ××‰。

4.3.8 安全教育培训合格率达到 99%。

4.3.9 事故隐患按期整改率达到 100%。

4.3.10 特种作业人员持证上岗率达到 100%。

4.4 部门安全生产目标的分解

4.4.1 每年安全部主任负责根据公司年度安全生产目标，将其分解成安全生

产指标，分配到各部门。

4.4.2 将分解后的目标形成文件，经总经理批准后，分别发到各部门。

4.4.3 根据各部门的安全目标，由安全生产责任人与各部门安全生产负责人签订安全目标责任书。

4.5 目标的调整

4.5.1 年度安全生产目标的调整工作，每年进行一次，由各部门书面提出调整报告经总经理批准后交安全部。

4.5.2 除特殊原因外，本年度中原则上不得对安全生产目标进行调整。

4.6 安全生产目标实施计划

4.6.1 企业自身实施计划。

（1）遵守国家及地方政府有关安全生产方面的法律、法规、标准，不断完善、落实企业的安全生产规章制度。

（2）提供必要的人力、物力、财力资源以保证企业安全生产目标的实现。

（3）按照“分级管理、分片负责”的原则，督促各部门、各科室、各班组、各岗位安全生产第一责任者认真贯彻、落实安全生产责任制及安全生产管理制度，抓好安全生产工作。

（4）落实安全技术措施，不断强化对危险源的监控，积极防范各类事故的发生，持续提高企业的安全生产管理绩效。

（5）开展应急救援培训和演练，进一步完善应急预案。

（6）及时如实地上报工伤事故，并按“四不放过”原则，严格对事故进行调查处理。

（7）完成安全生产责任制和各项安全操作规程的修订完善工作，使之符合《安全生产法》等的要求。

（8）不断改进安全生产管理工作，落实各项安全防范措施，提高安全生产管理水平。

（9）对实现安全生产目标和在安全生产工作中有突出贡献的部门和个人进行奖励，对违反安全生产管理制度者及工伤事故责任部门和责任人进行处罚。

4.6.2 财务部实施计划。

（1）企业在编制基本建设工程费用计划的同时，还要编制安全技术措施费用计划，确保资金到位，监督安全生产资金专款专用。

（2）保证事故隐患整改费用、安全培训费用等安全费用的资金到位。

（3）负责审核各类事故处理费用支出，并将其纳入企业经济活动分析内容。

（4）保证劳动防护用品、保健食品和防暑降温饮料的开支费用。

（5）建立安全费用提取台账，严格按国家相关规定执行提取。

（6）建立安全费用使用台账，每年年底对安全生产投入状况进行分析。

（7）负责员工的薪资和奖励金的发放。

4.6.3 业务部实施计划。

（1）按照业务部经理制订的安全生产目标实施计划执行，并接受监督。

（2）负责部门内部人员的工作安排、指导和管理。

（3）负责业务部各自文件、客户档案、合同等资料的保管。

（4）负责与客户沟通、协调，做好联络工作。

（5）负责与各部门做好沟通联络工作。

4.6.4 采购部实施计划。

（1）负责按计划要求及时地提供符合安全技术措施要求的材料。

（2）负责按计划保质保量地采购各类劳动防护用品。

（3）提供必需的应急救援物资，并对物资进行到货验收。

（4）负责与客户进行沟通、协调、联络，做好配合工作。

（5）负责产品出货的沟通、联系工作。

（6）负责客户投诉事件的调查、分析、回复、沟通等处理工作。

（7）负责供应商、客户联系接待等工作。

4.6.5 人力资源部实施计划。

（1）把安全生产工作作为对员工考核的主要内容之一，列入员工的上岗、转正、定级、评奖考核项目中。

（2）做好各类人员的健康检查，在分派工作时注意禁忌和女员工特殊保护。

（3）执行劳动法，处理好劳逸结合、休假休息等事务。

（4）按规定做好因工负伤的劳动鉴定及善后处理工作。

（5）负责行政、生活设施等的安全管理。

（6）熟悉消防设备的性能、操作、维护和保养工作，避免操作不当发生事故。

（7）安排领导带班，监督领导带班考核。

4.6.6 品管部实施计划。

（1）按照品管部经理制订的安全生产目标实施计划执行，并接受监督。

（2）组织、协调、检查公司产品质量管理工作。

（3）负责产品的检验和实验工作，检验实验状态的控制。

（4）对不合格产品的分析及归口管理。

（5）组织检验员正确使用检验仪器及计量器具，做好计量器具检定等管理工作。

（6）负责计量工作以及测量设备的检定、校准工作。

（7）负责产品质量记录的归口管理工作。

4.6.7 生产部实施计划。

（1）了解、熟悉国家有关安全产品的技术规范、标准，从质量管理上对公司的安全负责。

（2）及时传达、贯彻、执行上级有关安全生产的指示。

（3）在保证安全的前提下组织指挥生产，发现违反安全生产制度、规定和安全技术规程的做法及时通知安全技术监督部门共同处理，严禁违章指挥、违章作业。

（4）参加安全生产大检查，随时掌握安全生产动态，对各部门的安全生产情况及时地给予表扬或批评。

（5）组织并检查各车间生产操作人员的操作规程培训考核。

（6）负责监督、检查员工劳防用品的佩戴和使用情况。

（7）负责贯彻操作规程管理规定，杜绝或减少事故。

（8）负责安全生产事故的调查处理和统计，并及时向上级报告；参加其他公司的事故调查处理。

4.6.8 调配科实施计划。

（1）按照调配科制订的安全生产目标实施计划执行，并接受监督。

（2）了解、熟悉国家有关安全产品的技术规定、标准，从质量管理上对公司的安全负责。

（3）及时传达、贯彻、执行上级有关安全生产的指示。

（4）在保证安全的前提下组织指挥生产，严禁违章指挥、违章作业。

（5）负责监督、检查员工劳防用品的佩戴和使用情况。

（6）负责贯彻操作规程管理规定，杜绝或减少事故。

（7）负责安全生产事故的调查处理、报告，并积极参与事故调查。

4.6.9 设备部实施计划。

（1）按照设备部制订的安全生产目标实施计划执行，并接受监督。

（2）熟悉设备的性能、操作、维修和保养工作，避免操作不当发生事故。

（3）负责制订设备的日常维修保养计划和年度保养计划，并按计划实施。

（4）负责对设备优化提出改善措施。

（5）负责监督、检查员工劳防用品的佩戴和使用情况。

（6）负责动火作业的审批和监督，确保动火作业安全。

（7）负责设备事故的调查处理、报告，并积极参与事故调查。

4.6.10 仓储部实施计划。

（1）根据企业年度经营计划及战略发展规划，制订仓储部工作计划及业务发展规划。

（2）根据企业经营管理整体要求，制定库房管理、出入库管理等各项规定并贯彻实施。

（3）根据企业仓储工作特点编制各项工作流程及操作标准并监督执行。

（4）贯彻执行企业下达的仓储工作任务并将各项任务落实到位。

（5）核定和掌握仓储各种物质的储备定额并严格控制，保证合理库存、合理使用。

（6）掌握各类物质的收发动态，审查统计报表，定期撰写仓储工作分析报告并上报有关领导。

（7）定期组织盘点，对盘盈、盘亏、丢失、损坏等情况查明原因，并告知责任人，同时提出处理意见。

（8）参与制定企业全面质量管理制度体系，参与建设服务标准体系，监督仓储质量体系实施情况。

（9）负责废旧物资的管理，对呆滞料、废料、不合格品等提出处理意见，并协助实施。

（10）做好仓储部团队建设。协助人力资源部做好员工的选拔、配备、培训和业绩考核工作。

（11）合理调配下属员工，指导其开展工作，监督其执行计划，努力提高员工的积极性和服务意识。

（12）负责仓储部与其他部门的沟通、协调事宜。

（13）完成上级领导交办的其他工作。

4.7 安全生产目标实施计划考核办法

4.7.1 实施计划规定项目必须按时、保质保量完成，不达标项目按照对应管理制度或活动方案要求执行考核。

4.7.2 公司与各部门签订安全生产责任书作为对各部门考核的依据。

4.7.3 安全部负责将全公司安全生产目标实施计划落实情况形成实施计划跟踪报表，报总经理审批形成考核。

4.7.4 安全生产目标考核，每季度检查考核一次，每年底考核一次。

4.8 文件记录

4.8.1 年度安全生产目标文件，保存 ×× 年。

4.8.2 年度部门安全生产目标文件，保存 ×× 年。

拟定		审核		审批	

二、安全生产目标考核管理制度

<table>
<tr><td>标准文件</td><td></td><td rowspan="2">安全生产目标考核管理制度</td><td>文件编号</td><td></td></tr>
<tr><td>版次</td><td>A/0</td><td>页次</td><td></td></tr>
</table>

1. 总则

1.1 为做好公司的安全生产目标考核工作，防范和减少安全事故，保障员工人身安全和健康，保障公司财产安全，根据国家有关法律、行政法规，结合公司实际情况，特制定本制度。

1.2 公司安全生产坚持零质量事故、零死亡事故的“双零”目标。

1.3 本公司的安全生产考核工作，适用于本考核办法。

1.4 安全生产领导小组负责对公司安全生产工作实施监督管理和指导。

1.5 根据属地、分级管理原则，公司应依法接受所在地省、市、县安全生产监督管理部门以及行业安全生产监督管理部门的监督管理。

1.6 公司安全生产管理工作必须坚持“安全第一、预防为主、综合治理”的方针。

1.7 公司安全生产管理工作必须坚持：

1.7.1 不发生人身重伤及以上人身事故。

1.7.2 不发生一般及以上设备事故，不发生电气恶性误操作事故。

1.7.3 不发生一般以上工程质量事故。

1.7.4 不发生负有同等以上责任的重大及以上交通事故。

1.7.5 不发生重大及以上火灾事故。

1.7.6 不发生环境污染事故。

1.7.7 不发生全厂停电事故。

1.8 公司安全生产管理工作必须以公司中长期发展规划和年度经营目标为中心，实现安全生产与经营发展的同步规划、同步实施、同步发展，把安全生产工作落实到经营管理的计划、布置、检查、总结、考核等各个环节中。

2. 安全生产目标考核组织体系

2.1 公司成立安全生产目标考核领导小组。

公司安全生产目标考核小组组长由总经理担任，副组长由公司副总担任，成员由各部门负责人组成。领导小组成员发生变化时，要在 ×× 天内根据变化情况做出相应调整。

2.2 公司安全生产部负责安全生产考核小组日常管理工作，是公司安全考核工作的管理部门，对各部门安全生产考核工作实施监督和分类指导。

3. 目标管理控制程序

3.1 质量安全部负责组织制定、分解公司质量、环境、职业健康安全总目标，监督和指导重要目标管理方案的实施。

3.2 电力运行部负责制定、分解年度生产经营管理目标。

3.3 综合管理部负责评审、考核公司总目标的实现情况。

3.4 根据公司总目标，组织制定、分解、落实、评定、考核目标，明确重要目标的管理实施方案，建立健全目标管理体系。

3.5 分级控制目标包含：

3.5.1 公司控制重伤和事故，不发生人身死亡、重大设备和电网事故。

3.5.2 部门控制轻伤和障碍，不发生人身重伤和事故。

3.5.3 班组控制未遂和异常，不发生人身轻伤和障碍，控制失误和差错。

3.6 对于生产运行岗位，公司设备利用率定为不低于 ××%，班组就应定为不低于 ××% 以上。

3.6.1 班长目标：控制未遂和异常，不发生人身和设备事故，控制失误和差错。

3.6.2 副班长目标：协助班长实现“四零”事故。

3.6.3 运行值班员目标：避免失误和差错，遵守值班纪律。

3.6.4 运行兼职安全员目标：提醒、协助班长对安全工作进行管控，实现班组目标。

3.6.5 运行维护人员目标：保障公司设备可利用率达 ××% 以上。

3.7 公司应结合各岗位实际情况，签订岗位目标责任书。

3.8 公司管理目标为年度期限目标，于每年一季度完成制定和分解工作。各部门以至各岗位应建立相应管理目标或岗位目标。

3.9 各部门应根据公司的目标，制定本部门年度目标，经部门负责人批准，形成文件资料的年度目标，并逐层分解至岗位。各管理层在分解目标时，应根据自身生产和管理特点，细化目标，突出重点控制方向。

3.10 为保证目标的实现，各部门应对重要目标制订相应管理方案，方案的内容应包括：

3.10.1 具体所针对的目标。

3.10.2 确定责任部门和相关责任部门，明确职责和权限。

3.10.3 控制和实现目标的具体技术措施、方案、方法。

3.10.4 实施方案的时间进度、资金预算和资源要求。

3.10.5 明确管理方案实施的执行监督、效果的检查、结果的考评。

3.10.6 相关文件的记录方法和要求。

3.11 每年一季度，公司与部门应签订各类目标责任书，明确权责和考核奖惩

条件。

3.12 每年一季度公司应逐层签订目标责任书至班组，明确权责和考核奖惩条件。

3.13 应对公司总目标定期进行测量，以掌握公司生产管理状态，确定管理体系运行状态及效果，为持续改进提供方向和依据。

3.14 各部门应对影响目标值的生产和管理环节，按照相应管理方案进行重点监控和定期检查分析，发现目标发生偏离，应立即分析原因，制订整改方案或纠正措施并执行。

3.15 综合管理部组织开展目标控制情况的年度评定考核工作，具体规定按《绩效监测控制程序》中的相关要求执行。

3.16 相关部门应对管理方案的执行情况、适用性、合理性、必要性进行评价，评价的内容包括：

3.16.1 方案是否按计划有效实施。

3.16.2 方案未达到预期作用的原因。

3.16.3 实施的方案是否为实现管理目标起到预期作用，或虽未达到预期作用但是否有积极作用及在下一管理周期继续实施的必要性。

3.16.4 当目标和生产管理发生改变时，公司应及时调整管理方案。

3.16.5 继续实施的管理方案，是否有不适用和不合理的规定，应适时地进行修订，并及时填写“方案修订记录”。

4. 安全生产目标责任

4.1 按照“统一领导、落实责任、分级管理、分类指导、全员参与”和“谁主管，谁负责”的原则，逐级建立健全安全生产目标责任制。所有员工都要明确岗位安全责任，并签订安全生产目标责任书。

4.2 总经理是本单位安全生产的第一责任人，对安全生产工作负总责。工作职责是：

4.2.1 负责建立健全安全生产责任制。

4.2.2 负责制定安全生产规章制度和操作规程。

4.2.3 保证安全生产费用的计取和投入。

4.2.4 督促、检查安全生产工作，及时解决问题和消除生产安全事故隐患。

4.2.5 制定和实施重大危险源辨识、生产安全防范措施和事故应急救援预案。

4.2.6 及时报告生产安全事故和严肃调查处理事故。

4.3 分管安全生产工作的公司副总的工作职责是：

4.3.1 对本公司安全生产负综合领导责任，统筹协调本公司的安全生产管理工作。

4.3.2 负责安全生产工作或安全生产领导小组的日常工作。

4.3.3 负责组织拟定安全生产规章制度和操作规程。

4.3.4 负责组织年度安全生产考核管理工作。

4.3.5 负责组织召开安全生产例会，督促、检查安全生产管理部门的工作，及时解决有关问题，消除生产安全事故隐患。

4.3.6 及时报告安全生产事故，组织安全生产事故的调查及处理工作，组织实施安全生产事故应急预案。

4.4 公司副总必须抓好各自分管工作范围内的安全生产工作，并承担相应的安全管理责任。

4.5 公司安全生产部的工作职责是：

4.5.1 贯彻落实国家法律法规和公司安全生产标准规范、决议指示及安全生产管理制度。

4.5.2 负责拟定公司安全生产管理制度和安全生产操作标准与规程，负责建立和完善公司安全生产监督体系、保证体系、考核体系和事故应急救援体系等管理体系。

4.5.3 负责拟定公司年度安全生产工作计划，负责公司安全生产有关会议、例会和专题调研、科研课题的组织及落实工作。

4.5.4 负责公司安全生产事故调查及处理工作的组织及具体落实。

4.5.5 负责公司安全生产年度考核、监督检查、培训教育、职业健康等各项管理工作的组织及具体落实。

4.5.6 负责落实公司交办的其他工作。

4.6 各生产管理部门及专（兼）职人员的工作职责是：

4.6.1 贯彻执行国家和所在地安全生产监督部门安全生产法律法规和标准规范，负责拟定安全生产管理工作实施细则。

4.6.2 负责落实公司安全生产工作指示，参加召开安全生产会议、业务培训和安全生产检查，对安全生产管理中存在的问题进行及时反映，并提出建议意见。

4.6.3 负责本单位管理岗位和生产岗位签订安全生产目标责任书的组织实施工作，负责组织召开安全生产例会。

4.6.4 负责落实安全生产各项管理工作并组织实施。安全生产各项管理工作内容包括：安全教育培训、经常性安全检查、事故隐患排查及整改、各类设备设施安全措施、预防职业危害、防火防盗、车辆交通、安全考核、生产事故报告及调查处理、突发事故预案、安全资料档案等。

4.6.5 负责上报安全生产工作计划、总结和各类报表材料等工作。

4.6.6 负责完成公司交办的其他工作。

4.7 临时（兼职）安全员的工作职责是：

4.7.1 严格执行安全生产操作规程和劳动纪律，纠正和制止违章作业行为，排除安全隐患，预防安全事故的发生。

4.7.2 参加安全生产会议和安全生产检查，及时反映生产中存在的安全问题和提出合理化建议意见。

4.7.3 负责组织生产责任区范围内安全生产经常性巡视检查工作。

4.7.4 经常组织本部门采取多种形式进行安全生产规章制度、安全操作规程和安全生产知识的宣传、教育和演练，提高员工的安全生产意识。

4.7.5 负责填报安全生产检查的各类报表，发生安全事故及时地向安全生产管理部门报告。

4.7.6 负责完成公司领导交办的其他工作。

4.8 全体员工应对自己工作岗位的安全负责，不违章违纪，实施自我防护。工作职责是：

4.8.1 严格遵守安全生产管理制度和劳动纪律。

4.8.2 严格遵守岗位责任制和安全生产技术操作规程。

4.8.3 爱护并正确使用生产工具、机具和防护设施。

4.8.4 禁止违章作业，有权制止他人违章作业和抵制违章指挥。

4.8.5 发现事故隐患应及时地向上级报告。对存在的不安全因素应及时向领导提出建议意见，也可以向上级安全生产管理部门直接反映。

5. 安全生产监督与考核

5.1 公司安全生产年度考核实行分类考核。

5.2 安全生产考核采取公司内部交叉互查形式进行考核检查，安全生产考核的结论作为业绩考核中安全生产考核的依据。

5.3 安全生产考核以年为考核周期，由公司安全生产领导牵头组织，公司各部门参加。年度考核结果报公司业绩考核领导小组，作为业绩考核中安全生产考核的依据。

5.4 安全生产考核按照过程和结果相结合、定性和定量评价相结合、一票否决和分项扣分相结合的原则，围绕安全生产目标，分解考核指标，细化考核内容，界定评分标准。

5.5 安全生产考核按照百分制，分为定性和定量评价两部分，权重分别为××%、××%。定性评价主要对安全生产责任制、安全管理规章制度、安全教育与培训、安全检查及整改、事故管理、重大危险源管理和应急管理等内容按百分制考核；定量评价主要对生产经营活动中发生的人身事故、设备事故、火灾事故和交通事故等按百分制评分。

5.6 事故造成的人员伤亡和直接经济损失、事故性质、责任认定主要依据事故调查组的事故调查报告判定。事故调查报告未做结论的，依据公司或公司授权的调查部门认定判定结果。事故涉及两个以上责任主体时，人员伤亡和直接经济损失，对被考核部门按其承担责任比例折算。直接经济损失是指因事故造成人身伤亡及善后处理支出的费用和毁坏财产的价值总和。

5.7 在生产经营活动中发生的非责任事故（不含自然灾害、疾病死亡）造成的人员伤亡和直接经济损失，按照责任事故的 ××% 扣分；非责任事故同时经分公司认定属于免责的，则不扣分。

5.8 在生产经营活动中所发生的交通事故和火灾事故参照生产安全事故考核；私驾公车发生的交通事故造成的人员伤亡和直接经济损失对责任部门参照生产安全事故考核。

5.9 未造成人员伤亡，但社会影响严重的事件，考核工作小组视其情节做出考核意见，报请公司考核领导小组审定。

5.10 一次事故如同时发生人员伤亡和直接经济损失，不重复扣分，按扣分单项最多的计算，扣分以考核项目标准分扣完为止。

5.11 每季度考核得分 ×× 分以上（含 ×× 分）的单位为“合格”，考核得分 ×× 分以下的为“不合格”。

6. 安全生产考核评分原则

6.1 发生较大事故以上等级事故，安全生产考核评分为零。

6.2 安全生产考核评分公式：安全生产考核评分＝定性评价得分 ×0.3+ 定量评价得分 ×0.7。

6.3 定性评价。各部门安全生产责任制明确，并按制度考核，缺少部门责任制和岗位责任制一项扣 ×× 分，发生事故未考核一次扣 ×× 分；车辆、消防、危险源、安全教育培训、外包工程、安全检查及隐患整改、事故调查处理的主管部门应建立相应管理制度，缺少 1 项制度扣 ×× 分；各部门安全管理各类记录台账齐全，包括危险源和环境因素清单、安全教育培训记录、经济损失与工伤事故报告等，缺少一份记录台账扣 ×× 分。

6.4 定量评价。发生人员重伤，重伤 1 人扣 ×× 分；发生人身死亡，一次事故死亡 1 人扣 ×× 分，死亡 2 人扣 ×× 分，累计死亡 3 人定量考核计 0 分。

6.5 直接经济损失扣分。一次直接经济损失 ×× 万元以上 ×× 万元以下扣 ×× ～ ×× 分、×× 万元以上 ×× 万元以下扣 ×× ～ ×× 分，按内插法计算。

7. 安全生产奖励与处罚管理

7.1 公司每年由安全生产第一责任人签订的“环保、消防、安全生产责任书”中确定责任目标、考核与奖惩条款、各部门责任人以及全年安全生产目标管理奖

金额。

7.2 安全生产目标管理奖根据安全生产直接责任人每年对各部门的安全生产的责任目标进行考核，年终考核按环保、消防、安全生产责任书确认的目标值进行考核。

7.3 对每年考核为“达标”的部门，对安全生产第一责任人及责任部门给予发放本年安全生产目标管理奖；对考核为“不达标”的取消本年度安全生产目标管理奖。

7.4 以“安全生产定性考核评分表”的内容对各部门进行季度考核，季度考核为“合格”的部门将给予奖励；对于“不合格”的部门给予罚款，扣罚金额与奖励金额一致。

7.5 对于平时没有按照“安全生产定性考核评分表”的内容进行考核的部门，按照年度目标进行年终考核，若平时超出目标值即按安全奖惩制度进行处罚。

7.6 上述季度、年度奖励与处罚决定由公司安全生产直接责任人审批后执行。

拟定		审核		审批	

三、安全生产指标考核办法

标准文件		安全生产指标考核办法	文件编号	
版次	A/0		页次	

1. 目的

为全面落实安全生产控制指标和工作目标，减少和杜绝各类生产安全事故的发生，促进公司安全、健康、快速、协调发展，依据公司下达的安全生产控制指标和工作目标，特制定本考核办法。

2. 适用范围

适用于对公司各部门完成年度安全生产控制指标和工作目标的考核。

3. 管理规定

3.1 考核内容

3.1.1 控制指标：各类事故起数、伤亡人数；一般机械、设备事故，轻伤负伤率；火灾事故、交通事故以及职业病等。

3.1.2 工作指标：安全生产例会，安全生产教育，重大事故隐患监控和安全专项整治，安全生产投入，事故报告和应急组织，安全档案管理，工作创新等情况，以及特种作业人员持证上岗、安全设施、安全标志、安全警示的设置率，安全隐患整改率，劳动保护用品发放率等。

3.2 考核方法

3.2.1 考核采取日常监控评价和年终考核相结合的方式进行。日常监控评价由每季控制指标完成情况监控和日常对工作目标落实情况的检查组成。年终考核由实地考察考核和综合考核组成。

3.2.2 考核分值计算。根据车间安全生产工作监控考核评价标准，总分100分计算，其中安全生产控制指标为40分，工作目标为60分。考核采用逐项扣分办法，每项扣分直至该项标准分扣完为止。

3.2.3 考核结果的档次划分。考核结果分为“突出、比较突出、一般、较差”四个档次。总分60分以下的定为“较差”；60～79分定为“一般”；80～79分定为“比较突出”；90分（含90分）以上的定为“突出”。

拟定		审核		审批	

第三节 安全目标管理表格

一、公司年度安全生产目标分解表

公司年度安全生产目标分解表

序号	年度安全生产目标	各部门安全生产目标分解							
		财务部	业务部	采购部	行政部	品质部	生产部	设备部	仓储部
1									
2									
3									
4									
5									
…									
10									
	以上10项均填								

二、年度安全生产目标与指标一览表

年度安全生产目标与指标一览表

序号	目标	指标	备注

编制：　　　　审核：　　　　审批：　　　　日期：

三、年度部门安全生产目标指标分解表

年度部门安全生产目标指标分解表

公司安全生产目标指标	责任部门	分目标及指标	责任人

编制：　　　　审核：　　　　审批：　　　　日期：

四、年度安全生产目标实施计划一览表

年度安全生产目标实施计划一览表

目标 / 分目标（测量参数）	具体措施内容	责任部门	责任人	费用预算	启动时间	预计完成时间	备注

编制：　　　　审核：　　　　审批：　　　　日期：

五、安全生产目标和实施计划修正申请表

安全生产目标和实施计划修正申请表

<table>
<tr><td>申请部门</td><td></td><td>申请人</td><td></td><td>日期</td><td colspan="2"></td></tr>
<tr><td>变更原因</td><td colspan="6"></td></tr>
<tr><td colspan="5">变更内容</td><td colspan="2">会签</td></tr>
<tr><td colspan="2">原方案内容</td><td colspan="3">现方案内容</td><td>部门</td><td>签字</td></tr>
<tr><td colspan="2"></td><td colspan="3"></td><td></td><td></td></tr>
<tr><td colspan="2"></td><td colspan="3"></td><td></td><td></td></tr>
<tr><td colspan="2"></td><td colspan="3"></td><td></td><td></td></tr>
<tr><td colspan="2"></td><td colspan="3"></td><td></td><td></td></tr>
</table>

编制：　　　　审核：　　　　审批：　　　　日期：

六、安全目标追踪单

安全目标追踪单

<table>
<tr><td>目标项目</td><td></td><td>重要性百分比</td><td></td></tr>
<tr><td>目标达成率</td><td></td><td>评估得分</td><td></td></tr>
<tr><td colspan="4">自我考评：
执行人：　　　　日期：</td></tr>
<tr><td colspan="4">建议处理情形：
主管：　　　　日期：</td></tr>
</table>

注：目标达成率，即实际数值与预定数值的百分比值。

七、安全管理评估标准表

安全管理评估标准表

目标项目	内容与要求	标准分	具体考核标准	扣分情况	得分
组织安全生产检查消除事故隐患					
安全生产教育					
工业卫生					
劳动防护措施					

续表

目标项目	内容与要求	标准分	具体考核标准	扣分情况	得分
劳动事故调查、分析、处理					
组织开展安全性评价					
环境保护					
……					
合计					

八、年度安全生产控制指标和工作目标考核表

年度安全生产控制指标和工作目标考核表

序号	考核目标	评价要点	分数（100）	标准要求和评价办法	备注
1	控制目标	1. 伤亡事故起数 2. 伤亡人数 3. 职业病	40	不超过下达控制指标不扣分，轻伤事故每发生一起扣5分，重伤事故每发生一起扣15分，发生死亡事故扣30分，发生职业病扣20分	以责任状控制指标为准
2	安全生产责任制落实	1. 将安全生产工作列入重要议事日程，并由车间主任亲自抓（听取汇报或回报），亲自部署 2. 每季召开一次安全生产例会，部署安全生产工作 3. 各班组签订安全生产责任状 4. 奖惩制度落实	5	领导亲自召开安全生产年会，达不到的扣2～4分；按要求召开安全生产工作例会不扣分。每少一次扣2分 无会议记录，每少一次扣1分 未分解责任状的扣3分 奖惩制度未落实的扣2～4分	年终实地考核
3	安全生产教育培训	1. 安全生产宣传教育工作情况 2. “安全月”活动情况 3. 特种工持证情况	5	未展开社会性宣传教育活动的扣2～4分 未组织或组织不力的，扣2～4分 培训率低、组织工作差或培训结果检查有问题的扣2～4分 特种工持证率低扣2～4分	年终考核
4	重大事故隐患监控和安全专项治理	1. 对重大事故隐患和危险源未进行全面登记、建档和监控，制订隐患整改方案并组织整改 2. 安全检查和专项整治情况	10	对重大事故或危险源未进行登记、建档的扣6分；不合格的扣4分 未制订整改方案的，发现一起扣5分 未及时更改的，发现一起扣5分 未按规定进行定期检查和专项整治的，每少一次扣2分	年终考核
5	安全标志警示	1. 安全标志牌 2. 安全警示牌	5	安全标志牌不全，扣3～4分 安全警示牌不全，扣3～4分 安全警示牌不清洁，扣2～3分	日常考核

续表

序号	考核目标	评价要点	分数（100）	标准要求和评价办法	备注
6	安全生产资金投入情况	1. 安全生产的整改资金落实情况 2. 安全劳防资金落实情况 3. 安全教育培训专项资金落实情况	10	未按规定落实劳防资金，扣5～6分 未按规定落实安全教育培训资金，扣5～6分 未按规定落实安全生产资金的投入，扣7～10分	年终考核
7	安全检查整改情况	1. 安全检查制度执行情况 2. 对隐患整改、处置和复查要求的执行情况 3. 检查记录的填写情况	10	未定期展开日常专项检查的扣2～4分 未按规定对隐患进行整改和复查的扣5～10分 无检查和隐患整改复查的记录或隐患整改未如期完成的扣4～8分	日常考核
8	生产安全事故报告处理情况	1. 生产安全事故报告处理制度执行情况 2. 事故应急预案修订情况 3. 指定专门救援人员情况 4. 重大安全生产事故应急救援按规定经过演练	5	未执行生产安全事故报告处理制度的扣2～4分 事故应急预案可操作性差或不及时修订的扣2～4分 未对专门救援人员进行培训的扣2～4分 无演练发现一起扣2分	年终考核
9	报表和安全档案管理	1. 及时统计报送各类安全生产情况调查表 2. 有关文件及材料及时报送、传达、办理情况 3 各类安全管理档案及台账	5	统计信息未按时限上报或出现数值差错，每次扣1～3分，瞒报扣5分 未按规定传达办理的扣1～4分 相关档案，台账不健全的扣2～4分	日常考核
10	工作创新及评优情况	1. 安全生产工作经验及方法在地方有借鉴意义 2. 某项安全生产工作在地方获得表彰	5	有一项得3分 有一项得5分	以相关文件材料为依据

九、相关管理部门安全生产定性考核评分表

相关管理部门安全生产定性考核评分表

被考核单位：　　　　　　　　　　　　　　　　考核日期：

考核项目	考核内容	标准分	评分标准	考核办法	实得分
1. 安全生产责任制（15分）	1.1 各部门签订安全生产责任书，明确安全生产责任	5	未签订责任书的扣5分	检查安全生产责任书	
	1.2 各部门每月参加公司安全生产例会，并认真汇报安全生产情况，或者按要求参加安全生产工作会议	10	无故缺会每缺一次扣2分	以安全办会议记录为准	

续表

考核项目	考核内容	标准分	评分标准	考核办法	实得分
2. 安全管理规章制度（10 分）	2.1 各部门及时贯彻落实有关安全生产文件、通知	5	主管部门少传达一个文件扣 0.5 分	检查相关管理部门档案	
	2.2 各部门文件档案管理规范整齐	5	文件分类保存，不分类扣 1 分，文件不全缺一项扣 1 分，不整齐扣 1 分	检查相关管理部门档案	
3. 安全培训与教育（25 分）	3.1 各部门负责人及员工按要求参加公司组织的安全生产培训与教育	5	部门负责人和兼职安全员未按要求参加培训的每一人次扣 1 分，要求全体职工参加的，按应出勤人数每缺一人一次扣 0.5 分	检查培训教育记录	
	3.2 各部门负责组织职责范围内的安全生产培训，或者组织员工参加有关部门组织的安全生产培训和教育活动	5	没有按规定组织培训的，每次扣 2 分	检查部门会议记录或文件传阅记录	
	3.3 各部门组织员工参加公司部署的学习，贯彻国家法律法规、公司文件、通知以及公司安全生产规章制度	10	按应出勤人数每次每缺一人扣 1 分	以安全办培训或演练活动出勤记录为准	
	3.4 按公司要求开展或参加安全生产月等宣传教育活动	5	未按公司要求开展活动的每次扣 2 分	以安全办的活动记录为准	
4. 安全检查及整改（30 分）	4.1 主管部门结合节假日（春节、五一、十一、元旦）或重大活动每季度进行一次消防、道路交通等安全检查。查出的隐患有整改通知，隐患整改有负责人和期限，有闭合检查	15	未按季度开展安全检查每少一次扣 3 分；隐患整改无负责人和期限的每少一项每次扣 1 分	检查主管部门的安全生产档案	
	4.2 所管辖区域内消防设施、器材充足、有效	5	消防器材不足的扣 1 ~ 5 分，有效期过期的扣 3 分	以安全办的检查报告或记录为准	
	4.3 公司车辆定期保养维护，有记录	5	没有定期保养维护的扣 2 分，没有维护保养记录的车辆扣 1 分	以安全办的检查报告或记录为准	
	4.4 积极参加上级公司安委会组开展的消防、车辆安全检查	5	不参加检查的，每次扣 5 分，部门领导不参加的扣 3 分	以公司安全办的检查报告或记录为准	
5. 重大危险源管理（10 分）	5.1 各部门所辖区域内危险源每年普查一次，将新增危险源登记备案表报公司安委会	5	每缺少一项危险源扣 2 分	检查危险源登记备案资料	
	5.2 对危险源制订相应预控措施，有效落实，并有记录	5	没有预控措施和记录的，扣 2 分	查相关记录	

续表

考核项目	考核内容	标准分	评分标准	考核办法	实得分
6. 部门内消防安全管理（10分）	6.1 按公司要求做好本部门的消防、交通及公共卫生等安全工作，有隐患时及时进行整改	10	未按整改要求按时整改的每次每一条扣2分	以安委会的整改闭合检查报告为准	
合计		100			

考核小组组长签字：

十、安全生产目标考核表

安全生产目标考核表

被考核部门			日期	
考核项目及指标				
重大人身伤亡				
重大火灾				
重大爆炸				
重大交通事故				
重大生产事故				
重大设备事故				
“三废”排放				
职工工作、生产环境				
造成后果				
轻伤人数				
重伤人数				
死亡人数				
财产损失				
考核意见				
考核人： 日期：				

第三章

安全教育管理

第一节 安全教育管理要点

一、制订安全教育计划

企业应根据安全需求的分析，制订安全教育计划，使安全教育工作在不影响企业的正常生产秩序的情况下能够有序地进行。安全教育计划的内容通常包括：

（1）培训（教育）目的。

（2）培训（教育）目标。

（3）培训（教育）内容。

（4）培训（教育）内容日程安排。

（5）培训（教育）要求。

（6）培训（教育）的考核。

二、安全教育方法

企业要运用各种方法来开展安全教育：

1. 组织学习安全技术操作规程

管理者应结合事故案例，讲解违反安全操作规程会造成什么样的危害，启发员工进行讨论，各抒己见，采取什么措施才能做到安全。要防止说教式的照本宣科、枯燥无味的就事论事，不使安全学习流于形式。这种学习可由班组长、班组安全员、工会小组劳动保护检查员组织，也可由班组成员轮流组织。

2. 结合安全生产检查进行安全技术教育

根据日常安全检查中发现的问题，针对员工的生产岗位，讲解不安全因素的产生和发展规律、怎样做才能避免事故的形成和伤害。

3. 结合技术练兵，组织岗位安全操作的技能训练

安全教育一定要坚持教育与操作实践相结合，例如岗位练兵、消防演习等，这样用理论指导实践，实践反过来又推动了理论的提高。

4. 结合员工思想动态进行安全教育

员工思想教育方法要讲究科学性。管理员要抓住员工思想容易波动、情绪不稳

定的时机，对症下药，深入细致地做好员工思想教育工作。企业在对员工进行思想教育时，应着重抓好以下 10 个环节：

（1）新进人员上岗，病假人员、伤愈人员复工和调换工种人员。

（2）员工精神状态、体力或情绪出现异常。

（3）抢时间、赶任务和员工下班前夕。

（4）领导忙于抓生产或处理事故。

（5）员工受表扬、奖励、批评或处分。

（6）工资晋级、奖金浮动、住房分配、工作变动。

（7）员工遭受天灾人祸。

（8）节假日前后（包括节假日加班）。

（9）重点岗位、重点操作人员。

（10）发生事故后。

5. 签订师徒合同，包教包学

让有经验的老员工带徒弟，言传身教，这是传授安全技术的最有效的方法。关键是要选择政治思想好、业务技术精、安全素质高、责任心强、作风正派、经验丰富的老员工担任。

三、安全教育要有记录

每次安全教育后必须对其效果进行考核，考核形式有答卷、现场提问、现场操作演示等，考核后必须形成考核记录及总结性评价。

所有安全教育教育必须做好相应的记录档案管理，每次培训必须有培训教材、培训照片、签到表、记录表。

四、要对培训教育进行评估

1. 培训评估

评估是培训的重要组成部分，是考察培训是否达到目的、培训方法是否合理的重要方法。培训评估可分为 4 个方面：受训者的反应、学习的效果、能力的改变、产生的效果。

2. 培训后的沟通

培训的结束并不意味着与受训者的联系就此中断，培训结束后需要与受训者及时进行沟通反馈。

第二节 安全教育管理制度

一、安全教育培训管理规定

标准文件		安全教育培训管理规定	文件编号	
版次	A/0		页次	

1. 目的

为规范公司安全培训教育工作，提高员工安全素质，强化“安全第一、预防为主、综合治理”的安全方针，防止发生各类事故，降低职业危害，结合公司实际情况，特制定本规定。

2. 适用范围

本规定适用于公司全体员工的各类安全培训教育工作，包括中高层领导、安全管理人员的安全资质安全培训教育；管理人员的安全培训教育；员工日常安全培训教育；新进厂员工安全培训教育；转岗、复岗、顶岗安全培训教育；“五新”（新技术、新工艺、新材料、新产品、新设备）作业安全培训教育；劳务工、临时入厂人员、外协施工人员、实习人员、参观人员等安全培训教育。

3. 定义

3.1 四级安全培训教育：一级指公司级，二级指职能部室，三级指车间（处室）级，四级指班组级。

3.2 新员工：包括招聘、调入、实习、代培人员等。

4. 管理规定

4.1 新进厂员工安全教育

4.1.1 新进厂员工在接受公司级安全培训教育后，分配至公司各部门的，由各部门负责对其进行二级安全培训教育。

4.1.2 新进厂员工在接受公司级安全培训教育后，分配至部门的，由部门负责对其进行部门、车间级、班组级安全培训教育。

4.1.3 新进劳务工，直接由部门负责对其进行部门级、车间级、班组级安全培训教育。

4.1.4 未经安全培训教育或安全培训教育不合格的人员不得上岗任职或上岗作业；各项安全培训教育应有计划、有记录、可溯源。

4.2 工作职责

4.2.1 安全环保部。

（1）为员工安全培训教育工作的归口管理部门，负责本规定的制定、修订。

（2）负责定期识别公司安全培训教育需求，编制公司级安全培训教育计划。

（3）负责各级安全培训教育、安全活动开展情况的监督、管理、考核工作。

（4）负责将公司主要负责人、各部门主要负责人、安全管理人员的安全管理资格证取证、换证、复证培训计划上报至培训学院。

（5）负责将公司注册安全工程师继续再教育培训计划上报至培训学院。

4.2.2 生产管理部：为特种设备作业人员的主管部门，负责建立特种设备的管理和技术人员台账。

4.2.3 培训学院。

（1）定期识别公司新员工安全培训教育需求，编制公司级新员工安全培训计划，实施安全培训教育和建档工作。

（2）负责公司主要负责人、各部门主要负责人、安全管理人员安全管理资格证的取证、换证、复证工作。

（3）负责组织特殊工种人员的培训、取证、换证、复证工作。

（4）负责公司其他管理人员，包括各部门的负责人、管理人员、专业工程技术人员安全培训教育计划的制订并组织实施，建立档案。

（5）负责公司注册安全工程师继续再教育培训取证工作。

（6）负责将取、换证、复证的相关资料及时报专业主管部门备案。

4.2.4 各部门。

（1）负责本部门的各项安全培训教育、安全活动、安全上岗作业证考试等工作的管理与执行。

（2）定期识别安全培训教育需求，编制本部门安全培训教育计划，经本部门主管领导审批后组织实施，建立档案。

（3）负责本部门其他负责人、管理人员和专业技术人员的安全培训教育计划的制订、组织实施和建档工作。

（4）负责新进员工的部门级安全培训教育工作，并指导、监督、检查车间、班组级安全培训教育的执行情况。

（5）负责本部门特种作业人员安全培训教育的管理工作。

（6）负责本部门各类安全培训教育的登记建档工作。

4.3 管理内容及要求

4.3.1 管理人员的安全培训教育。

（1）公司主要负责人、各部门主要负责人、安全管理人员应接受专门的安全培训教育，并取得安全资格证书后方可任职。

①各部门定期征集培训需求，编制本部门培训计划报安全环保部。

②安全环保部对公司各部门的培训需求进行识别，编制公司培训计划。

（2）其他管理人员，包括各部门的负责人、管理人员、专业工程技术人员，应接受相关部门的安全培训教育，经考核合格后方可上岗。

①培训学院征集公司各部门的人员培训需求，编制培训计划，并组织实施。

②安全环保部征集各部门的人员培训需求，编制培训计划，并组织实施。

③安全环保部对执行情况进行监督管理。

4.3.2 日常安全教育与安全活动。

（1）编制安全教育计划、安全活动计划。

①各部门征集本部门的培训需求，填写“安全培训教育需求表”，编制本部门年度安全培训教育（活动）计划。

②年度教育培训计划需经部门主管领导审批后执行。

③各部门每年11月下旬上报下个年度的安全培训教育计划、安全活动计划至安全环保部备案。

④安全环保部依据各部门培训需求编制公司次年度安全培训教育计划，并下发执行。

⑤安全培训教育、安全活动计划编制要求：

a. 公司领导依据工作分工每月参加1次所管辖部门安全教育活动。

b. 各部门室负责人和管理人员，每月参加1次安全教育活动，每次不少于2学时。

c. 各部门负责人及其管理人员每月至少参加2次班组安全活动，每次不少于1学时。

d. 岗位员工的安全培训教育和安全活动每月不少于2次，每次不少于1学时。

e. 员工的再教育每月进行1次，每次不能少于2学时。

⑥各部门依据年计划编制本部门安全培训教育（活动）月度计划；车间依据子公司安全培训教育（活动）月度计划，编制车间、班组安全培训教育（活动）月度计划。临时性培训、活动可以新增临时培训、活动计划。

⑦安全培训教育（活动）月度计划变更必须经变更审批，留存审批记录。

（2）安全培训教育、安全活动的内容。

①国家关于安全生产和环境保护的方针政策、上级主管部门的安全生产文件和本部门适用的法律、法规、标准。

②公司安全生产方针、目标、安全生产承诺。

③部门年度安全工作目标、安全生产责任制和岗位安全工作职责。

④ 公司安全生产、环境保护规章制度、岗位安全生产知识、岗位安全操作规程、安全技术知识。

⑤ 重大危险源、关键装置、重点部位等相关内容及作业安全要求。

⑥ 危险源辨识、风险评价和风险控制知识，本岗位的危险源分布和风险控制措施。

⑦ 危险化学品知识、职业卫生防护知识、作业场所的职业危害。

⑧ 事故预防与控制知识、典型事故案例，公司各类事故通报。

⑨ 本岗位安全生产应急救援预案、应急演练，防火、防爆、防中毒及自我保护能力训练，安全装备、应急器材的使用。

⑩ 其他安全活动。

4.3.3 安全培训教育、安全活动形式。

安全教育、活动要讲究实效，并要坚持经常化、制度化。员工安全培训教育、安全活动的形式，可通过以下形式开展：

（1）岗位安全技术练兵、技术比武、应急演练、安全知识竞赛、反习惯性违章、“百日安全无事故”等活动。

（2）安全知识讲课、安全技术研讨会、典型事故案例分析、“重大事故警示录”研讨和相关知识座谈。

（3）黑板报、墙报、简报、图片展览、幻灯片、事故图片展览。

4.3.4 安全培训教育、安全活动要求。

（1）员工的安全培训教育和安全活动由班组会同车间组织实施，班组安全活动应有负责人、有计划、有内容、有记录。安全培训教育和安全活动情况记录在班组安全活动记录本中。

（2）车间领导和专职安全管理人员应每月至少 1 次对安全活动记录进行检查，并签字。

4.4 从业人员的安全培训教育

4.4.1 各部门每年组织员工进行 ×× 次安全考试，经考试合格后方可上岗。考试结束应及时地将考试成绩填入“安全上岗作业证”内，并保留相关培训资料。

4.4.2 特种作业人员必须按照国家有关规定经专业的安全作业培训，取得特种作业操作资格证书，方可上岗作业，并按规定参加复审。

4.4.3 从事危险化学品运输的驾驶员、装卸管理人员、押运人员必须接受专业安全知识培训，并取得上岗资格证，方可上岗作业。

4.4.4 新工艺、新技术、新装置、新产品投产前，各部门应组织编制新的安全操作规程，并进行专门培训。员工经考试合格后，方可上岗操作。培训部门保留相关培训资料。

4.5 新进员工的安全培训教育

4.5.1 公司级安全培训教育。

（1）新员工进行公司级安全培训教育，培训时间不少于 ×× 小时，经考试合格，填写“新员工安全培训教育卡”和“新员工安全培训教育信息表”后，将新员工交人力资源部分配至各部门。

（2）公司级安全培训教育内容包括：

①国家有关安全生产和环境保护的方针、政策、法律、法规和条例等。

②公司厂史介绍、公司生产概况、主导产品生产工艺介绍。

③公司安全生产特点和关键生产装置、重点（要害）生产部位的介绍。

④公司各项安全环保管理制度。

⑤安全技术、职业卫生和安全文化的知识、技能。

⑥公司各类介质的危险特性与事故预防及应急处理。

⑦从业人员安全生产权利和义务。

⑧同行业典型事故案例。

4.5.2 部门级安全培训教育。

（1）新员工持“新员工安全培训教育卡”，接受本部门的安全培训教育，劳务工直接进入本部门进行安全培训教育，培训时间不少于 ×× 小时。经考试合格，培训部门填写“新员工安全培训教育卡”“新员工安全培训教育信息表”“劳务工三级安全培训教育卡”和“劳务工安全培训教育信息表”后，将新员工分配至各车间；考试不合格的退回人力资源部。

（2）安全培训教育内容包括：

①生产概况及主要生产工艺、运行设备、岗位设置、工作流程介绍。

②安全生产特点、工作环境和主要安全、环保危害因素及防范措施。

③安全生产规章制度、安全技术操作规程。

④防火、防爆、防触电、防尘毒知识，自救互救、急救方法、疏散和现场急救知识。

⑤安全设施、器材，个人劳动防护用品，消防、气防器材的性能、使用方法和维护。

⑥预防事故、职业危害的措施及安全注意事项。

⑦典型事故案例及应急处理知识。

4.5.3 车间级安全培训教育。

（1）新员工持“新员工安全培训教育卡”、劳务工持“劳务工三级安全教育卡”，接受车间的安全培训，培训时间不少于 ×× 小时。经考试合格，培训部门填写“新员工安全培训教育卡”“新员工安全培训教育信息表”“劳务工三级安全

培训教育卡”和“劳务工安全培训教育信息表”后，将新员工分配至各岗位，考试不合格的退回公司。

（2）安全培训教育内容包括：

① 生产流程、设备情况及岗位工作任务、特点、注意事项。

② 安全生产责任制、岗位安全工作职责、安全技术规程、标准化作业规程。

③ 安全设施、环保设施、工（器）具、个人防护用品、防护器具、消防器材的性能及正确使用方法。

④ 生产工艺中的危险重点、要害部位、危险介质防范措施。

⑤ 典型的事故案例、事故预防与管理、应急培训与演练。

⑥ 其他需要培训的内容。

4.5.4 班组级安全培训教育。

新员工持“新员工安全培训教育卡”、劳务工持“劳务工三级安全教育登记卡”，接受班组安全培训，培训时间不少于 ×× 小时。经考试合格，培训部门填写“新员工安全培训教育卡”“劳务工三级安全培训教育卡”后，将新员工分配至各岗位，考试不合格的退回公司。安全培训教育内容包括：

（1）安全生产责任制和岗位安全工作职责。

（2）部门适用法律法规、岗位生产安全知识、危险化学品知识、职业卫生防护知识、环境保护知识等。

（3）岗位事故预防与管理、应急培训与演练和有关事故案例。

（4）本岗位危害因素及应急处理知识。

4.6 其他人员的安全培训教育

4.6.1 各部门内部员工转岗、离岗 ×× 个月以上者，应进行车间、班组安全培训教育，经考试合格后，方可上岗，成绩记入“安全上岗作业证”，并填写“转岗、复岗安全培训教育培训记录表”，并保留相关培训资料。

4.6.2 外来参观、学习、办事的临时入厂人员，由业务往来联系部门指派专人负责接待，并对其入厂后的安全行为负责。在进入生产厂区时，由安全员负责进行临时入厂安全培训。培训内容包括禁烟要求、禁打手机、不得随意摄影、摄像、不得随意动用各类设施、按规定路线参观等。培训完毕，由来访人员在“来访人员登记本”上签字确认后，发放临时入厂证后方可入厂。

4.6.3 外来施工单位的作业人员进行入厂安全培训教育，经部门安全环保处对其进行相关安全环保知识培训，考试合格后发放入厂证方可入厂。

4.6.4 进入作业现场前，应由作业现场所在车间对其进行进入现场前安全培训，培训内容包括作业现场的有关规定、风险管理要求、安全及环保注意事项、事故应急处理措施等。

4.6.5 培训部门填写“外协施工人员入厂安全培训信息表”,并保存培训记录。

4.7 培训教育管理要求

4.7.1 各培训部门应按表格要求,规范填写“新员工教育培训记录卡”和“劳务工三级安全培训教育卡”。“新员工教育培训记录卡”交公司人力资源部存档,“劳务工三级安全培训教育卡”交安全环保处存档。

4.7.2 参与培训工作的其他部门,负责保存本部门提供培训、教育的有关台账、资料。

4.7.3 各部门制订各类人员应急教育培训计划,经公司主管领导审批后开展应急管理教育培训工作,并建立档案。

4.7.4 大修和重点项目大修,由检修部门负责对检修人员进行专项安全教育,确保检修安全。各部门安全环保处、专业管理部门负责对培训情况进行监督管理。

4.7.5 对事故、未遂事故的责任者,违章作业、冒险作业者,必须由所在部门负责进行安全教育,找出原因吸取教训后,方能重新上岗工作。发生工伤的员工在复工前必须进行相应的安全教育后方可复工。对事故责任人及员工接受事故教育要有教育记录。

4.7.6 负责组织实施安全培训教育的部门应对安全培训教育效果进行评价,并保留评价记录。

4.7.7 公司各级管理人员应为安全培训教育提供相应的资源。

4.8 各部门安全环保处每个月底上报当月的“安全培训教育月报表”至安全环保部。

拟定		审核		审批	

二、安全教育培训实施细则

标准文件		安全教育培训实施细则	文件编号	
版次	A/0		页次	

1. 目的及依据

安全教育培训是安全管理工作的重要环节,通过不断地规范安全教育培训工作、完善安全教育培训管理体系,实现安全教育培训工作的标准化、常态化、系统化,从而提高员工安全生产意识和安全技术水平,最终确保企业经营生产活动的顺利进行。为此,根据国家、地方安全法律法规要求和《安全教育培训管理规定》文件内容,结合企业实际情况,特制定本安全教育培训实施细则。

2. 适用范围

本实施细则适用于公司全体员工的安全教育培训。

3. 管理规定

3.1 安全教育培训分类

3.1.1 公司领导和管理人员的安全教育。

3.1.2 员工上岗前三级安全教育。

3.1.3 日常安全教育。

3.1.4 特种作业人员安全培训。

3.1.5 调换工种和岗位人员安全教育及复工教育。

3.1.6 班组长安全培训。

3.1.7 不定期安全教育培训（季节性变化、工作环境变化、节假日加班期间易发事故时段的安全教育）。

3.1.8 典型事故案例警示教育。

3.1.9 其他人员及外来人员的安全教育。

3.2 培训时间

3.2.1 企业主要负责人、项目负责人及安全生产管理人员培训为 ×× 学时，再培训不少于 ×× 学时 / 年。

3.2.2 特种作业人员安全知识考核培训时间不得少于 ×× 学时，继续教育培训时间不得少于 ×× 学时 / 年。

3.2.3 其他人员安全知识考核培训时间不得少于 ×× 学时，继续教育培训时间不得少于 ×× 学时 / 年。

3.2.4 新员工安全教育培训时间不得少于 ×× 小时。

3.2.5 企业班组新上岗的从业人员必须按照《生产经营单位安全培训规定》，经过相应安全培训并考核合格后上岗。已在岗的班组长每年接受安全培训的时间不得少于 ×× 学时，班组其他员工每年接受安全培训的时间不得少于 ×× 学时。

3.3 人员培训要求

3.3.1 企业负责人、项目负责人、专职安全生产管理人员的安全生产知识考核培训：

（1）企业负责人、项目负责人、专职安全生产管理人员必须经培训主管部门或者其他有关部门进行安全生产知识培训考核，考核合格后方可任职。公司每年将组织人员参加安全生产考核合格证的考试和培训。

（2）公司各级管理人员（企业管理人员、项目经理、项目副经理、技术负责人、专职安全管理人员）必须接受每年至少一次的由公司安全环保部组织的安全生产教育培训。

3.3.2 公司各级员工的安全教育培训：

（1）公司新招用员工（实习人员）及新分配来的管理培训生必须接受公司组织的三级（入厂、项目部、班组）安全教育培训，经培训考核合格后才能上岗工作。未经教育培训或者教育培训考核不合格的人员不得上岗作业。

（2）重新上岗人员或转岗人员必须进行安全教育培训，经考核合格后方可进入操作岗位。

（3）在采用新技术、新工艺、新设备、新材料时，应当对作业人员进行新技术、新操作规程和新岗位的安全生产教育培训。

（4）公司及项目部每季度至少组织一次全员参加的安全教育培训，并做好相应培训记录存档备查。

（5）新开工项目在人员进场作业前必须进行一次安全教育，并做好相应教育培训记录存档备查。

（6）重点工序和关键节点施工时，管理者必须对施工作业人员进行专项安全技术方案以及措施的交底教育，未接受安全技术交底教育的员工不得施工作业。

（7）公司及项目部应当定期或不定期组织员工进行安全知识考核竞赛活动，并做好活动记录。

3.3.3 特种作业人员的安全技术教育培训：

（1）对电工、电焊工、架子工、卷扬机操作工及起重工、车辆司机等特种人员，除进行基本安全教育培训外，还要进行特殊工种安全技术教育，经考核发证后才可独立操作。

（2）特种作业人员应当接受与其所从事的特种作业相应的安全技术理论培训和实际操作培训。

（3）项目部至少每月组织一次特种作业人员有针对性的安全教育培训，并做好相应培训记录存档备查，并且每天在特种作业人员的班前班后进行安全教育和安全交底。

（4）重点工序和关键节点施工时，不仅要求对特种作业人员进行专项安全技术方案以及措施的交底教育，还应当进行相应特种岗位的专项操作规程教育。

（5）离开特种作业岗位 ×× 个月以上的特种作业人员，应当重新进行实际操作考试，经确认合格后方可上岗作业。

3.4 培训内容

3.4.1 企业主要负责人安全培训应当包括下列内容：

（1）国家安全生产方针、政策和有关安全生产的法律、法规、规章及标准。

（2）安全生产管理基本知识、安全生产技术、安全生产专业知识。

（3）重大危险源管理、重大事故防范、应急管理和救援组织以及事故调查处理的有关规定。

（4）职业危害及其预防措施。

（5）国内外先进的安全生产管理经验。

（6）典型事故和应急救援案例分析。

（7）其他需要培训的内容。

3.4.2 安全生产管理人员安全培训应当包括下列内容：

（1）国家安全生产方针、政策和有关安全生产的法律、法规、规章及标准。

（2）安全生产管理、安全生产技术、职业卫生等知识。

（3）伤亡事故统计、报告及职业危害的调查处理方法。

（4）应急管理、应急预案编制以及应急处置的内容和要求。

（5）国内外先进的安全生产管理经验。

（6）典型事故和应急救援案例分析。

（7）其他需要培训的内容。

3.4.3 三级安全教育应当包括下列内容：

（1）一级安全教育（公司）。新员工入场报到后，由人力资源管理部门负责组织，安全管理部门负责教育。其教育内容如下：

① 国家有关安全生产、劳动保护的方针政策、法规、标准和法制观念。

② 本单位的性质、生产特点和安全生产规章制度、安全纪律。

③ 安全生产的基本知识和消防常识等。

④ 典型事故及其教训。

⑤ 从业人员安全生产权利和义务。

（2）二级安全教育（部门）。由部门安全员负责组织安排和教育。其教育内容如下：

① 本部门的生产或工作特点。

② 本部门安全生产制度、规定及各工种安全职责、技术操作规程、文明施工措施等。

③ 本部门在生产过程中存在的重大安全危害因素。

④ 机械设备，电气安全及高处作业等安全基本知识。

⑤ 防护用品发放标准及其使用维护的基本知识。

⑥ 预防事故、职业危害的措施。

⑦ 有关事故案例及自救互救、急救方法、疏散和现场紧急情况的处理。

⑧ 其他需要培训的内容。

（3）三级安全教育（班组）。由班组长或班组安全员负责教育。其教育内容如下：

① 本班组作业特点及安全操作规程。

② 班组安全活动制度及纪律。

③ 爱护和正确使用安全防护装置（设施）及个人劳动防护用品。

④ 本岗位易发生事故的不安全因素及其防范对策。

⑤ 本岗位的作业环境及使用的机械设备、工具的安全要求。

⑥ 有关事故案例。

⑦ 其他需要培训的内容。

（4）班组长培训内容应当包括：

① 本企业安全生产状况及安全生产规章制度。

② 岗位危险有害因素及安全操作规程。

③ 作业设备安全使用与管理。

④ 作业条件与环境改善。

⑤ 个人劳动防护用品的使用和维护。

⑥ 作业现场安全标准化。

⑦ 现场安全检查与隐患排查治理。

⑧ 现场应急处置和自救互救。

⑨ 本企业、本行业典型事故案例。

⑩ 班组长的职责和作用。

⑪ 员工的权利与义务。

⑫ 与员工沟通的方式和技巧。

⑬ 班组安全生产的组织管理及先进的班组安全管理经验等。

（5）特种作业人员培训内容应当包括：

① 国家的法律、法规及标准规范。

② 特种作业的安全技术操作规程。

③ 特种作业的安全基本常识。

④ 事故案例和有关新工艺、新技术、新装备等知识。

⑤ 对从事有毒有害作业的员工除进行基本安全教育培训外，还要进行尘、毒危害和防治知识的教育培训。

（6）经常性安全生产宣传教育。公司应定期或不定期组织员工进行以下内容的教育培训工作：

① 国家安全生产的相关法律、法规、制度的宣传教育。

② 安全生产的技术标准、规范、规程的培训教育。

③“安全生产月”等安全活动的宣传教育。

④ 生产现场工作环境、安全生产、文明生产的宣传教育。

⑤ 安全技术交底中所包含的安全操作规程和标准教育。

⑥ 特种作业安全技术操作规程的教育。

⑦ 违章教育及事故案例教育。

⑧ 季节性变化、工作环境变化、节假日加班期间、易发事故时段的安全教育。

3.5 培训形式

3.5.1 公司内部培训以公司负责人、主管领导、相关管理人员、专业技术人员为讲师，并做好相应的授课准备。外部培训则根据培训内容要求聘请相应的专家。

3.5.2 安全教育培训要因地制宜，内容应以法律法规、标准规范安全操作规程为主，形式要灵活多样。可采取体验式安全教育、影像、广播、简报、标语、漫画、安全讲座、宣传栏、图片展、知识竞赛、培训班等形式，经常性地向员工进行生动的安全教育和法制教育。

3.6 培训档案及考核要求

3.6.1 公司按年度“安全教育培训计划表一”模板进行编制，并报领导审批存档。

3.6.2 项目部按“安全教育培训计划表二”模板编制相应的年度安全教育培训计划，报部门经理审批存档，并报公司安全环保部备案。

3.6.3 三级安全教育培训按规定完成后，受培训人员和各级教育培训负责人均在“三级安全教育记录卡”上签字确认，以保证三级安全教育记录的真实性和完整性。

3.6.4 部门在建立“三级安全教育记录卡”的基础上填写“三级安全教育登记汇总表”，归档保存，并报公司安全环保部备案。

3.6.5 安全教育培训完成后对受培人员进行考核，填写“受培人员培训考评表”，并由组织单位收集考核资料，建立“安全教育培训人员台账”。

3.6.6 管理者应详细、准确地记录培训考核情况，整理归档安全培训资料。

拟定		审核		审批	

三、年度安全培训方案

<table>
<tr><td>标准文件</td><td></td><td rowspan="2">年度安全培训方案</td><td>文件编号</td><td></td></tr>
<tr><td>版次</td><td>A/0</td><td>页次</td><td></td></tr>
</table>

1. 培训目的

为了及时有效地使所有从业人员进行安全知识的学习，落实国家安全生产法律法规及公司安全规章制度的要求，提高公司员工安全知识水平和安全操作技能，以减少和避免各类安全事故的发生，特制定本公司 ××× 年度安全培训计划，以此来规范公司各类安全培训的管理，保证安全培训教育工作井然有序地开展和落实，确保培训效果及质量。

2. 培训目标

2.1 主要负责人、分管负责人、安全管理人员持证上岗率为 100%。

2.2 特种设备操作人员、特种作业人员持证上岗率为 100%。

2.3 新员工参加三级安全培训、转岗换岗员工培训合格上岗率为 100%。

2.4 员工每年安全再培训参训率为 100%，一次培训合格率≥ 98%。

3. 培训内容

3.1 国家及地方安全生产法律法规标准、新出台政策文件通知。

3.2 公司安全管理制度、安全操作规程及相关安全通知文件。

3.3 安全管理方法知识。

3.4 危险化学品、机械、电气、防火防爆、交通安全技术知识。

3.5 职业卫生安全防护知识。

3.6 劳动防护用品及设备设施使用、操作、维护知识。

3.7 公司生产事故应急救援知识及事故模拟演练。

3.8 事故案例分析总结。

4. 培训形式

4.1 为最大限度地保证培训的实效性和渲染力，管理者在进行培训时要以激发员工的学习兴趣为导向，以提升员工的安全素养为目标，灵活创新培训形式，尽量采取员工喜闻乐见、易于参加和接受的形式，让员工在无形中受到启发和教育，进而达到培训目的。

4.2 可采取的培训形式有：

（1）采用 PPT 课件授课。

（2）召开座谈会讨论。

（3）现场操作演示、展示。

（4）事故模拟演练。

（5）事故案例分析讨论。

5. 培训安排

培训安排如下表所示。

序号	培训名称	培训时间	培训学时	培训对象	培训内容	责任部门
1	各部门负责人安全培训	1 月	8	负责人、安全员及相关管理人员	安全法律法规、安全管理方法、安全技术知识、事故应急知识、以往事故案例分析	
2	班组长安全培训	2 月	8	班组长	安全法律法规、班组安全管理方法、班组安全建设内容、事故应急知识、以往事故案例分析	
3	安全再教育培训	1 月、7 月	20	全体人员	危险化学品安全技术知识、事故应急救援知识、工艺安全技术知识、相关事故案例知识	
4	安全再教育培训	4 月、8 月、9 月	20	全体人员	危险辨识内容、职业卫生防护知识、相关事故案例知识	
5	安全生产月宣传教育培训	6 月	4	全体人员	安全生产月宣传文字、图片、视频教育内容	
6	安全再教育培训	9 月、10 月	20	全体人员	机械和电气安全技术知识、职业卫生防护知识、危险作业安全技术操作规程、相关事故案例	
7	三级安全培训教育	上岗前	72	新入厂人员	三级安全教育内容	
8	转岗、离岗人员安全培训教育	上岗前	48	转岗、离岗 12 个月人员	车间内部转岗为班组级培训内容；车间之间转岗为车间、班组级安全培训内容	
9	检修安全交底培训	检修前	4	参加检修所有人员	检修安全管理制度、危险辨识、危险作业安全措施落实、应急处置事故案例学习	
10	外来施工安全培训	施工队伍作业前	4	入厂施工全体人员	安全规章制度、劳动纪律、安全技术交底、事故案例	
11	新法律法规标准培训	识别获取以后	根据内容视情况设定	各部门负责人、分管负责人、安全员	法律法规标准适用条款	

续表

序号	培训名称	培训时间	培训学时	培训对象	培训内容	责任部门
12	新工艺、新技术、新材料、新设备安全知识培训	投入运行前	根据内容视情况设定	涉及的管理人员、岗位操作人员	新工艺、新技术、新材料、新设备安全操作知识及注意事项	
13	主要负责人和安全管理人员资格证取证、审证培训	根据安监部门通知安排	安监部门设定	主要负责人和安全生产取证、审证人员	安监部门设定	
14	特种设备操作人员及特种作业人员取证、审证培训	根据安监、质监部门通知安排	安监、质监部门设定	特种作业人员取证、审证人员	安监、质监部门设定	

6. 培训要求

6.1 各部门要充分认识到教育培训工作在安全管理工作中的重要性。教育培训是端正职工安全态度、强化职工安全意识、提升职工安全知识、提高职工安全素养的重要手段，因此各部门务必按照计划安排要求，如实开展培训工作，若由于特殊原因需要更改培训计划的，须向安全环保部提出申请，并根据实际情况安排临时计划，以保证所有人员都能接受培训教育。

6.2 在每次培训前，需要责任部门提前做好培训所需的各项资源（如培训教材、电脑、投影仪、相机、教学器材设施、培训场所等设施）的准备工作，同时明确培训讲师，培训讲师要做好授课各项准备工作。

6.3 每次培训后必须对培训效果进行考核，考核形式有答卷、现场提问、现场操作演示等，考核后必须形成考核记录及总结性评价。

6.4 所有安全培训教育必须做好相应的记录档案管理，每次培训必须有培训教材、培训照片、签到表、记录表。

6.4.1 培训教材要结合本次培训内容进行编写，内容要充实全面实用易懂。

6.4.2 培训过程中必须保存相应的影像资料。

6.4.3 培训实行本人现场签到制，参训人员必须本人在签到表上签字确认参训。

6.4.4 以上培训资料需专人保管，以备查验。

6.5 公司各级部门应为安全培训教育提供各方面的资源支持，以保证培训的质量及效果。

7. 培训的考核要求

7.1 未按照培训计划开展培训的，对责任部门罚款 ×× 元，参训率达不到要求的,对责任部门罚款 ×× 元,合格率达不到要求的,对责任部门罚款 ×× 元。

7.2 培训工作准备不到位、敷衍应付的，视情况对责任部门罚款 ×× ～ ×× 元。

7.3 培训记录不全、不完整、未规范存档的，视情况对责任部门罚款 ×× ～ ×× 元。

拟定		审核		审批	

第三节 安全教育管理表格

一、安全教育培训计划表

安全教育培训计划表

公司部门名称：

序号	培训项目名称	培训内容	培训课时	培训对象及人数	培训方式	公司/部门集中培训			部门培训		项目部培训（结合项目安全检查由检查人员实施）
						授课讲师	培训地点	计划实施时间	授课讲师	计划实施时间	项目部名称/计划时间

二、班组级安全培训签到表

班组级安全培训签到表

日期		地点					
参加人员	新入职员工	讲师					
主要内容： 本班组生产在线的安全生产状况，工作性质和职责范围，岗位工种的工作性质工艺流程，机电设备的安全操作方法，各种防护设施的性能和作用，工作地点的环境卫生及尘源、毒源、危险机件、危险物品的控制方法，个人防护用品的使用和保管方法，本岗位的事故教训							
参加人员一览表							
序号	姓名	工号	工种	序号	姓名	工号	工种

三、车间级安全培训签到表

车间级安全培训签到表

日期		地点					
参加人员	新入职员工	讲师					
主要内容： 1. 本车间的生产和工艺流程 2. 本车间的安全生产规章制度和操作规程 3. 本车间的劳动纪律和生产规则、安全注意事项 4. 车间的危险部位，尘、毒作业情况，灭火器材、走火通道、安全出口的分布和位置							
参加人员一览表							
序号	姓名	工号	工种	序号	姓名	工号	工种

四、公司安全培训签到表

公司安全培训签到表

<table>
<tr><td colspan="2">日期</td><td colspan="2"></td><td colspan="2">地点</td><td colspan="2"></td></tr>
<tr><td colspan="2">参加人员</td><td colspan="2">新入职员工</td><td colspan="2">讲师</td><td colspan="2"></td></tr>
<tr><td colspan="8">主要内容：
1. 安全法律法规　4. 消防安全知识
2. 机械安全知识　5. 安全事故案例
3. 电气安全知识　6. 职业病预防与劳动防护</td></tr>
<tr><td colspan="8">参加人员一览表</td></tr>
<tr><td>序号</td><td>工号</td><td>姓名</td><td>部门</td><td>序号</td><td>工号</td><td>姓名</td><td>部门</td></tr>
<tr><td></td><td></td><td></td><td></td><td></td><td></td><td></td><td></td></tr>
<tr><td></td><td></td><td></td><td></td><td></td><td></td><td></td><td></td></tr>
<tr><td></td><td></td><td></td><td></td><td></td><td></td><td></td><td></td></tr>
<tr><td></td><td></td><td></td><td></td><td></td><td></td><td></td><td></td></tr>
<tr><td></td><td></td><td></td><td></td><td></td><td></td><td></td><td></td></tr>
</table>

五、员工岗位安全操作规程考试记录

员工岗位安全操作规程考试记录

姓名	岗位	考试日期	分数

六、新员工安全培训教育卡

新员工安全培训教育卡

姓名		出生年月		性别		健康状况	
入厂方式		入厂时间		工种		技术等级	

续表

公司安全教育	内容摘要： 教育时间：从____月____日至____日共____学时，考试成绩：________ 教育负责人签字：
部门安全教育	内容摘要： 教育时间：从____月____日至____日共____学时，考试成绩：________ 教育负责人签字：
车间安全教育	内容摘要： 教育时间：从____月____日至____日共____学时，考试成绩：________ 教育负责人签字：
班组安全教育	内容摘要： 教育时间：从____月____日至____日共____学时，考试成绩：________ 教育负责人签字：
受教育个人意见	签字：　　______年____月____日
教育主管部门意见	签字：　　______年____月____日

保存部门：　　　　保存期限：5 年

七、新员工安全培训教育信息表

新员工安全培训教育信息表

姓名	出生日期	性别	民族	毕业学（院）校	专业	文化程度	入厂时间	培训日期	授课人	成绩

八、转岗、复岗安全培训教育记录表

转岗、复岗安全培训教育记录表

<table>
<tr><td>姓名</td><td></td><td>出生年月</td><td></td><td>性别</td><td></td><td>入厂时间</td><td></td></tr>
<tr><td>原从事工种</td><td></td><td>拟从事工种</td><td></td><td>转岗</td><td></td><td>复岗</td><td></td></tr>
<tr><td>公司安全教育</td><td colspan="7">内容摘要：

教育时间：从____月____日至____日共____学时，考试成绩：________
教育负责人签字：</td></tr>
<tr><td>部门安全教育</td><td colspan="7">内容摘要：

教育时间：从____月____日至____日共____学时，考试成绩：________
教育负责人签字：</td></tr>
<tr><td>车间安全教育</td><td colspan="7">内容摘要：

教育时间：从____月____日至____日共____学时，考试成绩：________
教育负责人签字：</td></tr>
<tr><td>班组安全教育</td><td colspan="7">内容摘要：

教育时间：从____月____日至____日共____学时，考试成绩：________
教育负责人签字：</td></tr>
<tr><td>受教育个人意见</td><td colspan="7">
签字：　　　　______年____月____日</td></tr>
<tr><td>教育主管部门意见</td><td colspan="7">
签字：　　　　______年____月____日</td></tr>
<tr><td>备注</td><td colspan="7"></td></tr>
</table>

保存部门：　　　　　　　　　　保存期限：5年

注：久假复工者在备注栏中注明休假的起止时间和休假原因。

九、外协施工人员入厂安全培训教育信息表

外协施工人员入厂安全培训教育信息表

<table>
<tr><td>项目名称</td><td colspan="2"></td><td>培训日期</td><td colspan="2">年　月　日</td></tr>
<tr><td>项目负责人</td><td colspan="3"></td><td>联系电话</td><td></td></tr>
<tr><td>培训部门</td><td></td><td>培训讲师</td><td></td><td>培训地点</td><td></td></tr>
<tr><td colspan="6">安全培训教育内容</td></tr>
<tr><td colspan="6"></td></tr>
<tr><td colspan="6">被培训人员基本情况</td></tr>
<tr><td>姓名</td><td>性别</td><td>年龄</td><td>身份证号码</td><td>常住户口所在地</td><td>成绩</td></tr>
<tr><td></td><td></td><td></td><td></td><td></td><td></td></tr>
<tr><td></td><td></td><td></td><td></td><td></td><td></td></tr>
<tr><td></td><td></td><td></td><td></td><td></td><td></td></tr>
<tr><td></td><td></td><td></td><td></td><td></td><td></td></tr>
<tr><td></td><td></td><td></td><td></td><td></td><td></td></tr>
</table>

注：此表“成绩”一栏只填写部门级的考试成绩，车间填写培训“合格”或者“不合格”。

十、三级安全教育登记汇总表

三级安全教育登记汇总表

公司 / 部门名称：　　　　　　　　　　　　　　　　　安全教育时间：______年____月____日

序号	姓名	性别	年龄	专业 / 工种	施工队 / 班组	考试成绩	三级安全教育情况（内容）	备注

十一、____年____月安全培训教育月报表

____年____月安全培训教育月报表

填报部门：

类别/数量	人员培训									专项培训							
	合计	新员工	劳务工	外协人员	参观人员	实习人员	管理人员	岗位员工	特种工	合计	安全标准化	职业卫生	危险化学品	消防	应急	急救	法规条例制度
一级培训次数																	
一级培训人数																	
二级培训次数																	
二级培训人数																	
三级培训次数																	
三级培训人数																	
四级培训次数																	
四级培训人数																	

填报人：　　　　审核人：　　　　日期：

十二、受培人员培训考评表

受培人员培训考评表

姓名		性别		出生年月	
文化程度		专业岗位		技术职称	
工作单位					
办班单位			培训班名称		
培训地点			培训时间		
考试考核成绩					
实际操作成绩					
考核单位					

续表

自我评价	签字（盖章）： ______年____月____日
综合评价	培训单位（盖章）： ______年____月____日

十三、安全教育培训人员台账

安全教育培训人员台账

公司 / 项目名称：　　　　安全教育时间：______年____月____日

序号	姓名	性别	年龄	专业岗位 / 工种	部门 / 项目部	考试成绩	安全教育情况（内容）	备注

十四、员工三级安全教育培训档案

员工三级安全教育培训档案

<table>
<tr><td>姓名</td><td></td><td>性别</td><td></td><td>年龄</td><td></td><td>文化程度</td><td></td><td rowspan="4">照片</td></tr>
<tr><td>参加工作时间</td><td colspan="3"></td><td colspan="2">调入时间</td><td colspan="2"></td></tr>
<tr><td>工种级别</td><td colspan="2"></td><td colspan="2">原工种级别</td><td colspan="3"></td></tr>
<tr><td colspan="8">从事本工种时间：</td></tr>
<tr><td colspan="9">工作部门：车间班组</td></tr>
</table>

续表

三级安全培训教育
一、公司（厂）级安全教育 教育内容：国家安全生产法律、法规和方针政策；本公司概况；生产性质及特点；特殊危险场所；安全生产制度和规定；公司内外事故教训；安全基础知识。 教育时间：＿＿＿＿＿＿＿＿ 教育成绩：＿＿＿＿＿＿＿＿ 教育人：＿＿＿＿＿＿＿＿ 受教育人（签名）：＿＿＿＿＿＿＿＿
二、车间（工段、区、队）级安全教育 教育内容：本车间（工段、区、队）的概况、生产特点；安全生产规定；车间（工段、区、队）危险物品的使用情况及注意事项，危险操作和以往典型事故教训；有毒有害物质的理化性质、中毒症状、预防措施和急救方法等。 分配车间（工段、区、队）日期：＿＿＿＿＿＿＿＿ 教育时间：＿＿＿＿＿＿＿＿ 考试成绩：＿＿＿＿＿＿＿＿ 教育人：＿＿＿＿＿＿＿＿ 受教育人（签名）：
三、班组级岗位安全教育 教育内容：本班组特点；岗位生产特点；岗位责任制；安全操作规程和安全规定；以往事故案例；预防事故措施；安全装置、安全器具、个人防护用品使用方法。 分配班组日期：＿＿＿＿＿＿＿＿ 教育时间：＿＿＿＿＿＿＿＿ 考试成绩：＿＿＿＿＿＿＿＿ 教育人：＿＿＿＿＿＿＿＿ 受教育人（签名）：＿＿＿＿＿＿＿＿ 包教师傅：＿＿＿＿＿＿＿＿ 独立操作前考试成绩：＿＿＿＿＿＿＿＿

第四章

安全检查管理

第一节 安全检查管理要点

一、明确安全检查的内容

安全生产检查就是为了能及时地发现生产事故隐患，并采取相应的措施消除事故隐患，从而保障生产安全顺利地进行。

1. 查物的状况是否安全

检查生产设备、工具、安全设施、个人防护用品、生产作业场所以及生产物料的储存是否符合安全要求。其检查的重点在于：

（1）危险化学品生产与储存的设备、设施和危险化学品专用运输工具是否符合安全要求。

（2）在车间、库房等作业场所设置的监测、通风、防晒、调温、防火、灭火、防爆、泄压、防毒、消毒、中和、防潮、防雷、防静电、防腐、防渗漏、防护围堤和隔离操作的安全设施是否符合安全运行的要求。

（3）通信和报警装置是否处于正常适用状态。

（4）危险化学品的包装物是否安全可靠。

（5）生产装置与储存设施的周边防护距离是否符合国家的规定，事故救援器材、设备是否齐备、完好。

2. 查人的行为是否安全

检查有否违章指挥、违章操作、违反安全生产规章制度的行为。重点检查危险性大的生产岗位是否严格按操作规程作业、危险作业是否有执行审批程序等。

3. 查安全管理是否完善

（1）检查的主要内容。

内容一	安全生产规章制度是否建立健全
内容二	安全生产责任制是否落实
内容三	安全生产目标和工作计划是否落实到各部门、各岗位
内容四	安全教育是否经常开展使职工安全素质得到提高

内容五	安全生产检查是否制度化、规范化
内容六	发现的事故隐患是否及时整改
内容七	实施安全技术与措施计划的经费是否落实
内容八	是否按“四不放过”原则做好事故管理工作

“四不放过”处理原则，其具体内容是：事故原因未查清不放过、事故责任人未受到处理不放过、事故责任人和周围员工没有受到教育不放过、事故没有制订切实可行的整改措施不放过

（2）重点检查。

从事特种作业和危险化学品生产、经营、储存、运输、废弃处置的人员和装卸管理人员是否都经过安全培训并考核合格取得上岗资格，是否制订了事故应急救援预案并定期组织救援人员进行演练等。

二、确定安全检查的方式

安全生产检查的形式要根据检查的对象、内容和生产管理模式来确定，可以采取多种多样的形式。

1. 作业岗位日常检查

作业岗位工人每天操作前，对自己的岗位进行自检，确认安全才操作，以检查物的状况是否安全为主，其检查的主要内容有：

（1）作业场所的安全性。注意周围环境的卫生，工序通道是否畅通，梯架台是否稳固，地面和工作台面是否平整。

（2）使用材料的安全性。注意堆放或储藏方式，装卸地方大小，材料有无断裂、毛刺、毒性、污染或特殊要求，运输、起吊、搬运手段，信号装置是否清晰等。

（3）工具的安全性。注意是否齐全、清洁，有无损坏，有何特殊使用规定、操作方法等。

（4）设备的安全性。注意防护、保险、报警装置情况，控制机构、使用规程等要求的完好情况。

（5）其他防护的安全性。注意通风、防暑降温、保暖防冻、防护用品是否齐备和正确使用，衣服鞋袜及头发是否合适，有无消防和急救物品等措施。

检查中发现的问题应及时地解决，问题处理完毕方可作业，如无法处理或无把握的，作业人员应及时地向班组长报告，待问题解决后方可作业。

2. 安全人员日常巡查

企业安全主任、安全员等安全管理人员应每日到生产现场进行巡视，检查安全生产情况，其巡查的主要内容有：

（1）作业场所是否符合安全要求。

（2）作业人员是否遵守安全操作规程，有否违章违纪行为。

（3）协助生产岗位的员工解决安全生产方面的问题。

3. 定期综合性安全检查

企业应定期实行综合性安全检查，从检查范围讲，包括全厂检查和车间检查，检查周期根据实际情况确定，一般全厂性的检查每年不少于两次，车间的检查每季度一次。

（1）检查人员及内容。定期综合性安全检查应成立检查组，按事先制订的检查计划对企业的安全生产工作开展情况进行检查，以查管理为主。

内容一	检查安全生产责任制的落实情况
内容二	检查领导思想上是否重视安全工作，行动上是否认真贯彻“安全第一、预防为主”的方针
内容三	检查安全生产计划和安全措施技术计划的执行情况，安全目标管理的实施情况，各项安全管理工作（包括制度建设、宣传教育、安全检查、重大危险源安全监控、隐患整改等）的开展情况
内容四	检查各类事故是否按“四不放过”的原则进行处理，事故应急救援预案是否落实，有否组织演练
内容五	对生产设备的安全状况进行检查，对主要危险源、安全生产要害部位的安全状况要重点检查

（2）检查要求。

要求一	检查应按事前制定好的安全检查表的内容逐项检查，对检查情况做好记录
要求二	对检查发现的隐患要发出整改通知，规定整改内容、期限和责任人，并对整改情况进行复查
要求二	检查组应针对检查发现的问题进行分析，研究解决办法，同时根据检查所了解到的情况评估企业、车间的安全状况，研究改善安全生产管理的措施

4. 专业安全检查

有些检查其内容专业技术性很强，需要由专业技术人员进行检查，比如锅炉压

力容器、起重机械等特种设备的安全检查，电气设备安全检查，消防安全检查等。专业安全检查通常还需要一些专业仪器来进行，检查的项目、内容一般是由相应的安全技术法规、安全标准做了详细规定，这些法规、标准是专业安全检查的依据和安全评判的依据。

专业安全检查可以单独组织，也可以结合定期综合性检查进行。

5. 季节性安全检查

不同季节的气候条件会给安全生产带来一定的影响，比如春季潮湿气候会使电气绝缘性能下降而导致触电起火等事故；夏季高温气候易发生中暑；秋冬季节风高物燥易发生火灾；雷雨季节易发生雷击事故。

季节性检查是检查防止不利气候因素导致事故的预防措施是否落实，如雷雨季节将到前，检查防雷设施是否符合安全标准；夏季检查防暑降温措施是否落实等。

三、按计划实施安全检查

安全检查要取得成效，就必须做好安全检查的组织领导和准备工作。

1. 建立检查组织机构

根据安全检查的规模、内容和要求，设立适应检查需要的组织机构。

（1）企业内部的安全检查，由企业安全生产部门组织领导，具体工作由各部门负责。

（2）规模较小的、检查范围较窄的，比如一个车间的安全检查，可由车间主任负责组织车间安全员、专业技术人员进行检查或发动员工自行检查。

2. 安全检查的准备

思想上的准备	对于参加检查工作的人员，要进行短期培训
	对所有员工要做好宣传和发动工作，开展群体性的自检自查
业务上的准备	确定检查目的、步骤、方法，建立检查组织、抽调检查人员、安排检查日程
	分析过去几年所发生的各种事故的资料，并根据实际需要准备一些表格、卡片，记载曾发生事故的次数、部门、类型、伤害性质、伤害程度以及发生事故的主要原因和采取的防护防范措施等，以提示检查人员注意
	准备好事先拟定的安全检查表，以便逐项检查，做好记录，避免遗漏要检查的项目内容

3. 实施检查

在检查实施中，检查人员应采取灵活多样的检查方法。例如：深入现场实地检查，召开汇报会、座谈会、调查会，个别访问清查，查阅有关文件和资料等，都是常用的有效方法，可以根据实际情况灵活应用。

4. 检查总结

（1）检查结束后，应将此次检查组织，检查的目的、范围，检查中好的经验、存在的主要问题，以及检查中发现的问题及整改情况、好的经验推广情况和整个检查范围内的安全生产情况，检查过程中值得注意的问题等写出书面材料，并同检查结果（表格内容或检查项目）向有关领导机关汇报后，存入安全检查档案。

（2）对安全生产抓得好、有一定的安全生产管理经验的部门及个人要进行表彰、奖励，召开安全生产现场会。

（3）对安全管理混乱、隐患多、事故多的单位要提出批评意见和建议，也可召开现场会，以吸取教训。

四、做好安全隐患的整改

在每次检查结束后，检查人员要做好安全隐患排查报告，并进行相应的整改。

1. 隐患整改的注意事项

隐患整改必须注意以下事项：

（1）整改命令需要及时发出。

（2）整改通知需要用文字形式发出，并保持记录。

（3）整改责任人必须落实到位。

（4）整改完成时间必须清楚。

（5）整改计划必须明确。

（6）整改需要有监督人实施监督。

2. 整改后的跟踪

整改计划必须实施必要的跟踪，跟踪的主要内容是：

（1）整改计划的实施进度。

（2）整改计划的实施效果。

（3）整改完毕，必须编制整改报告。

3. 整改后要复查

复查是对安全检查成果的巩固和检验。复查一般要注意两个方面：一是对重点

环节的复查；二是对检查中发现问题的整改落实。

检查是手段，目的在于发现问题、解决问题，检查人员应该在检查过程中或之后，告知员工及时整改。整改应实行“三定”（定措施、定时间、定负责人）、“四不推”（班组能解决的，不推到工段；工段能解决的，不推到车间；车间能解决的，不推到部门；部门能解决的，不推到公司）。对于一些长期危害员工安全健康的重大隐患，整改措施应件件有交代、条条有着落。

为了督促各部门搞好事故隐患整改工作，常用“事故隐患整改通知书”，指定被查部门限期整改。对于企业主管部门或劳动部门下达的隐患整改通知、监察意见和监察指令，必须严肃对待、认真研究执行，并将执行情况及时地呈报上级部门。

第二节 安全检查管理制度

一、安全检查管理办法

<table>
<tr><td colspan="2">标准文件</td><td rowspan="2">安全检查管理办法</td><td>文件编号</td><td></td></tr>
<tr><td>版次</td><td>A/0</td><td>页次</td><td></td></tr>
<tr><td colspan="5">1. 范围
本办法规定了公司安全检查管理的职责、管理内容与要求。
本办法适用于公司所属各部门安全检查的管理工作。
2. 引用标准和术语
2.1 日常性检查：即经常的、普遍的检查。
2.2 专业性检查：是针对特种作业、特殊设备设施、特殊场所进行的检查。
2.3 季节性检查：是根据季节特点，为保障安全生产的特殊要求所进行的检查。
2.4 节假日前后的检查：包括节日前要进行安全生产综合检查，节日后要进行遵章守纪的检查。
2.5 不定期检查：包括在开、停机前，定检定修，新项目竣工及试运行时进行的安全检查。
3. 职责
3.1 生产安全部是公司安全检查的归口管理部门，负责组织公司内的各类安全检查，负责公司各类安全检查表的编制、审批工作。</td></tr>
</table>

3.2 公司各部门负责本部门的专业安全检查，以及专业安全检查表的编制、审批工作。

3.3 生产厂（车间）负责组织、实施本车间的安全检查及隐患整改工作。

4. 工作程序

4.1 安全检查可分为日常性检查、专业性检查、季节性检查、节假日前后检查、不定期检查等五类。

4.2 安全检查内容

4.2.1 认真落实公司安全生产责任制，各部门经理就是安全生产第一责任人，必须成立各自的安全生产委员会和事故调查组，明确职责和分工，分级管理，责任到人。

4.2.2 公司每月召开一次安全主管、专职安全员参加的安全例会，生产安全部每月召开一次专职安全员例会，部门和车间每周召开一次安全例会，做到有计划、有总结、有布置、有检查、有落实；班组每日召开班前班后会，认真开展安全生产工作活动。

4.2.3 认真落实安全检查制度，严格按照“四定”“四不推”的原则，及时整改查出的事故隐患，做到班组（岗位）日查、作业区（工段）周查、车间月查、部门季查，车间每次检查必须由被检查岗位签字认可，有记录、有反馈。

4.2.4 建立健全各级危险源（点）安全技术档案，制订相应的安全监控措施，分级管理，定期进行检查，做到有记录、有反馈，并存档保留。

4.2.5 每个班组必须制订事故应急预案，并定期组织演习，做好记录。

4.2.6 严格执行易燃易爆区域、设备、设施动火作业的申报、审批和动火证制度；严格执行电气作业的工作票制度；严格执行确认制和互保联保制。

4.2.7 定检、定修必须按照“项目负责人就是安全负责人”的原则，制订详细的施工网络和安全防护措施，严格执行停机、挂牌、确认制；多方立体交叉作业时，双方必须签订“施工安全协议书”“施工安全责任书”，进行安全交底；临时改变施工方案，必须按规定申报，并制订方案和作业指导书，经确认后，方可实施。

4.2.8 加强劳动组织管理，合理配置人力资源。

4.2.9 严格执行生产工艺要求，对生产工艺不断充实、完善安全技术操作规程。

4.2.10 生产作业现场必须道路通畅，设置安全通道，物件码放整齐规范，安全标志齐全、清洁、醒目，通风、照明符合规范。

4.2.11 严格按规定时间和内容进行“三级安全教育”和技术培训，包括在岗、转岗和再上岗人员的培训；特殊工种必须经培训考试合格后持证上岗，并存

档备案。

4.2.12 严禁机器设备超负荷、带病运行，出现故障必须及时处理。

4.2.13 机器设备、设施的信号、制动、限位、离合、联锁、报警、防风等安全装置必须完好、灵敏可靠。

4.2.14 设计、采购进厂的设备、设施、工具、附件等必须符合相应的安全技术规范。

4.2.15 设备的齿轮、链条、皮带等传动部位必须设置可靠的防护装置；吊钩及关键部件必须定期进行探伤检验。

4.2.16 作业现场的走道、过桥、坑、沟、井、台等周边必须设置防护栏、盖板或警示标志。

4.2.17 员工劳保用品必须按标准保证及时地供应；劳保用品质量必须满足生产安全要求。

4.2.18 易燃易爆物品按规定堆放和使用，安全监控设施完善、灵敏可靠，消防工具（器材）齐全、完好。

4.2.19 锅、容、管、特设备必须定期进行专项检查及整治。

4.2.20 电（气）焊、电气、厂内道路运输及建筑安装施工作业和化学危险品、民用爆破器材的使用管理必须符合其相应的安全技术规定。

4.2.21 严肃查处现场“三违”人员，并按规定进行处理。“三违”行为具体表现为：

（1）违反劳动纪律、违章指挥或违章作业。

（2）擅自开动机器设备，擅自更改、拆除、毁坏、挪用安全装置和设备、设施。

（3）使用不安全设备；用手代替工具操作。

（4）生产设备、机具、物资等存放于不安全位置。

（5）冒险进入危险场所；在起吊物下作业、停留。

（6）机器设备运转时加油、修理、检查、调整、焊接、清扫等。

（7）作业过程中注意力分散，错误操作机器设备；攀、坐不安全位置。

（8）未穿劳保用品或劳保用品穿戴方法不正确。

（9）易燃、易爆、有毒、腐蚀性物品处理不符合有关规定。

（10）机器设备的防护装置未定期进行维护、保养等。

（11）不听从作业指挥，忽视安全提示、忽视警告。

4.2.22 法律、法规的其他安全规定。

4.3 安全检查方法

4.3.1 公司、各部门、作业区（工段）必须建立安全检查组织领导机构，挑选具有较高技术业务水平的专业人员参加，明确检查的目的和要求。

4.3.2 分级制定安全检查标准，依据“安全检查记录表”进行检查，认真填写检查记录并存档；对查出的隐患要立即下发“隐患整改通知书”，并及时反馈整改结果，归档备查。

4.3.3 坚持检查与整改相结合，做到检查不是目的，只是一种手段，整改才是最终的目的，一时难以整改的，要采取有效的防范措施。

4.3.4 安全检查的日常管理执行《记录控制程序》。

4.4 安全检查标准

4.4.1 公司级安全检查标准，由生产安全部领导审核，组织会签，主管生产的副总经理审批后实施，检查标准应包括五类安全检查所涉及的内容。

4.4.2 部门安全检查标准，由各部门专职安全员编制，部门安全主管领导审核，专业工程师组织会签，部门审批后实施，检查标准应包括五类安全检查所涉及的内容。

4.4.3 工段（作业区）周检标准由工段（作业区）编制，工段长审核，各部门安全员组织会签，主管部门审批后实施，安全检查标准包括生产、设备、技术、原料、成品、尘毒噪声、劳动保护、消防设施、安全附件及设施联锁控制、防雷防静电、防火防爆、现场作业、安技装备等经危害识别与评价须控制、减小各类风险以及程序文件、管理标准中涉及的控制项目。

4.4.4 班组（岗位）安全检查标准由工段编制，工段长审核，报部门安全员会签，审批备案后实施。

4.4.5 班组（岗位）安全检查要求具体化，有明确的数值，检查标准要明确；同时，必须将在风险识别评价出的各类风险，根据风险控制需要列入检查内容或在检查表中加以提示。对岗位上存在的消防器具等的检查，也要列入到岗位安全检查标准中。

4.5 日常性安全检查

4.5.1 公司每月对各部门、作业区、班组进行抽查，每季度检查一遍；各部门每周对各车间检查一遍、每个车间至少抽查二个班组；车间每周对所有岗位检查一遍；班组（岗位）每日检查一遍。

4.5.2 生产岗位的车间主任、班组长和岗位操作人员必须严格执行巡回检查制度，保证定时定点按照规定内容进行检查，以保证生产处于严密的监控之下。

4.5.3 非生产岗位的工作人员，应根据本岗位的特点，在工作前和工作中都要对工作环境、施工准备、安全措施、防护用品等进行检查。

4.5.4 各级领导和各级专业管理人员，应在各自业务范围内，经常深入现场，进行安全检查，发现不安全问题，及时督促有关部门解决。

4.6 专业检查

4.6.1 公司每年应对锅容管特设备、电气设备、机械设备、安全装备、监测仪器、危险物品、防护器具、消防设施、运输车辆、防火防爆、防尘防毒等分别进行专业检查。

4.6.2 公司级专业检查以各部门为主，车间专业检查以各专业为主，组织相关人员参加。

4.7 季节性检查

春季安全大检查：以防洪防汛、防机械绞碾、防建筑物倒塌为重点。

夏季安全大检查：以防暑降温、防尘防毒、防高空坠落为重点。

秋季安全大检查：以防火、防冻保温、防跑冒滴漏为重点。

冬季安全大检查：以防火防爆、防煤气中毒、防交通事故为重点。

4.8 节假日检查

节假日前后，应对安全、保卫、消防、生产准备、备用设备、遵章守纪等进行检查。

4.9 不定期检查

4.9.1 作业人员应对日常动火作业安全，开、停机前安全，定检定修安全，新增设备试运行安全等进行检查。

4.9.2 对临时性的安全检查，检查内容在安全检查标准中未涉及的，可由检查实施部门编制检查表，由编制部门领导审核批准后实施。

4.10 考核

4.10.1 凡不认真或未开展安全检查的部门，扣责任部门 ×× 元/人。

4.10.2 公司每查出一项隐患、“三规一制”不建全或不严密的，扣部门 ×× 元，扣班组长、相关专业管理人员及作业长各 ×× 元。

4.10.3 不认真落实安全生产责任制的处罚办法。

（1）小组之间责任落实不清的，扣部门第一责任人 ×× 元。

（2）部门内部职责落实不清的，扣部门经理 ×× 元。

（4）工段之间职责落实不清的，扣部门第一责任人 ×× 元。

4.10.4 每月（季）的检查结果将在调度会、公司安全例会和有关会议上分别通报。

4.10.5 以上考核累加计算；全年检查结果作为年度评选先进单位的依据。

拟定		审核		审批	

二、安全检查监督管理办法

<table>
<tr><td>标准文件</td><td></td><td rowspan="2">安全检查监督管理办法</td><td>文件编号</td><td></td></tr>
<tr><td>版次</td><td>A/0</td><td>页次</td><td></td></tr>
</table>

1. 总则

1.1 为加大安全检查监督的工作力度，强化安全管理和动态控制，确保公司运营、建设、开发各项工作安全、平稳、有序地进行，根据《安全生产法》《××省安全生产条例》等有关法律法规，特制定本办法。

1.2 安全检查是落实各项安全生产法律法规和管理制度、技术措施、警示和消除事故隐患、交流安全管理经验、促进安全生产的重要手段和有效措施，是安全管理工作的主要方法之一。

1.3 安全检查要坚持领导组织检查和专职人员检查相结合、普遍检查和专业专项检查相结合、日常检查和定期检查相结合、检查和整改相结合的原则。

1.4 本办法适用于公司运营、建设及开发过程中的安全检查监督工作。

2. 安全检查监督体系

2.1 公司安全检查监督体系由领导检查监督、专业检查监督和部门检查监督组成。

2.2 领导检查监督是指公司领导对公司安全生产实施的检查监督。

2.3 专业检查监督是指质量安全部代表公司对各部门实施的检查监督，以及公司各部门根据业务主管职能对各车间进行的对口检查监督。

公司对各部门安全生产管理行为进行的专业检查监督，以专项检查和重点抽查为主，遵循全面要求和重点监督相结合、监察整顿与指导服务相结合的原则。

2.4 公司检查监督是指各部门对本部门及下设各车间安全生产实施的检查监督。各部门是安全检查监督工作的主体责任部门，要建立健全本部门的检查监督体系，主动配合、接受公司各部门对本部门的检查监督，并及时地反馈相关信息。

2.5 质量安全部以及其他部门代表公司对各部门以及建设、运营和开发等安全生产现场实施的监督和检查，不代替、不免除各部门及建设、运营、开发等安全生产各方责任主体的安全管理职责和责任。

3. 安全检查监督的内容

3.1 公司检查监督的主要内容包括：

3.1.1 检查监督国家有关安全生产的方针政策、法律法规以及国家有关安全工作各项部署和要求的贯彻落实情况。

3.1.2 检查监督公司各部门的安全生产责任制的履行情况。

3.1.3 检查监督各部门对各项安全决策的执行和安全投入项目的落实情况。

3.1.4 检查基本规章、技术标准、安全管理制度的制定和执行情况。

3.1.5 检查运营主要行车设备的质量状态和现场作业控制情况，以及建设、开发项目安全措施落实情况。

3.1.6 监督各类安全问题和隐患的整改，检查监督关键时期安全控制措施的落实和各类应急预案的准备，检查监督事故的报告、调查处理及责任追究情况。

3.2 质量安全部检查监督的主要内容包括：

3.2.1 建设方面。

（1）公司转发和下达的安全生产相关的方针政策、制度办法、通知是否执行落实。

（2）建设管理公司与施工方在施工合同中是否明确项目安全防护、文明施工措施总费用，以及是否有费用预付计划、支付方式、使用要求、调整方式等条款。

（3）项目施工建管手续（包括质监、安监手续，施工许可证或开工通知单）的齐备情况。

（4）建设管理公司、监理方、施工方是否制定安全生产责任制度，并成立专门的安全管理机构或确定该方安全管理人员。

（5）建设管理公司是否按相关法律要求开展安全管理培训教育，项目相关安全生产管理人员是否取得安生生产管理资格证书。

（6）建设管理公司是否按要求开展日常、定期的安全生产检查。

（7）监理方的监理规划和监理细则的审批程序是否完整合法，施工方施工组织设计、专项施工方案的审批程序是否完整合法。

（8）建设管理公司、监理方是否对发现的建设工程安全隐患下达书面整改指令，并跟踪整改闭合。

（9）建设管理公司是否在工程开工前对全线重大危险点源进行了梳理辨识和分级，以及针对施工过程中危险性较大的施工作业点和面确定施工安全的重大危险点源，并制定监督管理办法。

（10）建设管理公司、监理方、施工方是否编制或修订应急预案，是否每年开展应急演练。

3.2.2 运营方面。

（1）公司转发和下达的安全生产相关的方针政策、制度办法、通知是否执行落实。

（2）是否制定并落实本公司的安全生产责任制度和各项安全生产规章制度、操作规程，建立健全生产责任的安全保证体系。

（3）是否按规定成立专门的安全管理机构和配置安全专兼职人员。

（4）是否按相关法律要求开展安全教育和培训，安全生产管理人员是否取得安生生产管理资格证书。

（5）是否按要求开展日常、定期的安全生产检查。

（6）是否对发现的运营安全隐患采取针对性措施，并对发现的安全隐患采取闭环管理。

（7）是否编制或按规定修订应急预案，并按规定频次开展应急演练。

（8）各级管理人员对所分管业务安全技术规定是否熟悉，对下属员工安全教育及安全监控是否到位和有效。

3.2.3 物业及交通安全方面。

（1）查安保，检查办公场所的防盗、防诈骗、防治安隐患的工作情况。

（2）查隐患，检查消防、防雷击、安全用电和电梯安全等情况。

（3）查食堂，检查食堂的各种安全隐患和食品安全、卫生情况。

（4）查交通安全，检查公司及下属公司车辆安全管理制度建立、驾驶人员培训教育以及其他交通安全情况。

3.3 建设管理公司检查监督的主要内容包括：

3.3.1 监理、施工单位及各供货商等对建设管理公司转发、下达的安全生产相关的方针政策、制度办法、通知的执行落实情况。

3.3.2 施工单位有无安全生产许可证，有无相关资质或超越资质范围承揽工程，违法分包、转包工程，违规托管、代管、挂靠等情况。

3.3.3 施工单位是否制定并落实安全生产责任制和各项安全生产规章制度、操作规程，建立健全工程项目的安全保证体系。

3.3.4 监理、施工单位及各供货商是否按要求开展日常、定期、专业、季节性和节前的安全生产检查。

3.3.5 施工单位是否挪用安全文明措施费，是否依法为从业人员办理意外伤害保险。

3.3.6 监理、施工项目部主要投标管理及技术人员有无虚挂、长期脱岗情况。

3.3.7 施工单位是否建立与承建工程相适应的现场安全管理机构，配备足够的专职安全管理人员；项目经理、安全员是否经建设行政主管部门安全管理能力考核合格，持证上岗；施工单位“一师两员”是否按要求配备，主要安全管理人员是否认真履职。

3.3.8 施工单位是否按照经审核批准的施工图纸、施工组织设计或专项施工方案组织施工。

3.3.9 施工单位是否认真组织施工现场开展安全生产活动，按规定对在建工程进行定期和专项的安全检查，并对工人进行三级安全教育和安全技术交底。

3.3.10 施工现场作业人员是否经三级教育培训合格上岗，且至少每年接受一

次安全生产培训考核；特种作业人员是否持特种作业操作证上岗。

3.3.11 施工单位是否在工程开工前，根据施工过程中危险性较大的施工作业点、面，对施工安全的重大危险点源进行了梳理、辨识和分级，并制定监控办法；监控办法是否经企业技术负责人审核批准后报监理单位审核批准实施。

3.3.12 地铁工程施工现场使用的起重机械设备和整体提升脚手架、模板等自升式架设设施是否按法定要求进行了检测并且合格。

3.3.13 深基坑、盾构穿越、大型钢结构吊装、地下暗挖、高大模板等危险性较大的工程的专项施工方案是否按相关规定经专家论证、审查；是否按经论证、审查合格后的专项施工方案组织实施。

3.3.14 施工现场安全防护实体和文明施工设施是否符合规范和标准要求。

3.3.15 施工单位是否制订工程项目施工安全事故应急救援预案，并组织了演练，应急物资是否准备充分，发生事故后，是否按规定报告。

3.3.16 监理方是否严格审查施工组织设计、专项施工方案，总、分包方资质和安全生产许可证，各类人员资格和施工方安全保证体系等。是否参与确定施工现场重大危险点源，并对重大危险点源、关键工序施工进行旁站监理，及时发现并督促施工方消除安全隐患。

3.3.17 监理工程师是否认真履职发现和排除安全隐患，对发现的建设工程安全隐患按规定下达监理通知书，并对拒不消除安全隐患的行为向项目管理方或项目主管单位报告。

3.4 运营公司检查监督的主要内容包括：

3.4.1 检查监督所属部门、班组或相关方落实上级有关安全生产的部署，发现、分析、解决存在的问题。

3.4.2 检查监督规章制度、技术作业标准的执行和各项安全措施的落实情况，以及各种管理台账的填写情况。

3.4.3 检查技术业务培训制度、计划的执行情况。

3.4.4 检查监督生产作业人员的到岗到位情况和作业人员持证上岗情况。

3.4.5 检查监督安全技术装备的使用和各项应急物资备品的准备情况。

3.4.6 检查监督各项安全防护措施和文明生产措施的落实情况。

3.4.7 对重点作业项目实施现场监控。

3.5 公司检查监督的主要内容包括：

3.5.1 检查监督规章制度的执行和各项安全措施的落实情况，以及各种管理台账的填写情况。

3.5.2 检查监督特种作业人员持证上岗情况。

3.5.3 检查监督特种设备的运行状态和管理情况。

3.5.4 负责对管理的物业及商铺的安全管理，定期进行消防安全检查，及时消除各类安全隐患。

3.6 公司各部门应根据自身业务管理范围和生产实际，制定本单位的安全检查内容和检查重点，扎实开展安全检查监督工作。

4. 安全检查监督的形式

4.1 安全检查分为日常安全检查、定期安全大检查、专业安全检查、季节性安全检查、节假日安全大检查和重大活动前安全大检查六种形式。

4.2 日常安全检查是安全检查监督的最主要的形式，各级负责人及管理人员应加强日常安全检查，及时地发现安全生产中存在的问题，并及时地处理。

4.3 定期安全大检查是公司各部门在一定范围内，按照一定频次组织的综合性安全检查。定期安全大检查的频次应满足以下要求：

4.3.1 公司安全主任每年至少参加 1 次全公司安全大检查。

4.3.2 公司安全副主任每年至少参加 2 次分管业务范围的安全大检查。

4.3.3 质量安全部每季度组织一次全公司安全大检查。

4.3.4 办公室每季度组织一次公司办公区域安全大检查和交通安全大检查。

4.3.5 信息中心每季度组织一次机房及办公网络安全大检查。

4.3.6 各部门要在本部门的安全检查监督制度中明确定期安全大检查的频次和主要内容，并按规定组织实施。

4.4 专业安全检查主要是指针对专业性较强，或者危险性较大的一些项目或科目，由专业安全主管部门组织进行的专项安全检查。

4.4.1 建设工程专业安全检查主要有深基坑、高边坡、高大模板支架、消防、用电、起重设备、运输机械及重大危险源专项安全检查等。

4.4.2 运营专业安全检查主要有消防、特种设备等。

4.4.3 办公场所及交通安全检查主要有消防、办公用电、防食物中毒和交通安全等。

4.5 季节性安全检查是指根据春、夏、秋、冬四季的特点开展的有针对性的安全检查，各部门应在每季开展 1 ~ 2 次针对季节性安全特点的安全检查。

4.5.1 春季安全检查:以干燥期安全用电、防火和春节后安全教育、防汛准备、防雷击为重点。

4.5.2 夏季安全检查:以防暑降温(包括通风空调、冷水机组等公共环境设备)、防汛、雨季施工用电、宿舍安全用电、食物中毒为重点。

4.5.3 秋季安全检查：以新入职员工安全教育、安全用电和防火为重点。

4.5.4 冬季安全检查：以防寒潮、防火、宿舍安全用电为重点。

4.6 节假日安全大检查主要是指预防在重大节日期间出现安全事故而进行的

安全专项检查。检查内容主要为各部门节假日值班安排，对值守员工的安全教育、安全技术交底、安全工作安排和部署的综合情况检查。

4.7 重大活动前安全大检查主要是指为应对大型活动的组织，提前对设备设施情况进行检查，以及对大型活动运营组织方案准备情况、人员准备情况等进行的检查。

5. 安全检查监督要求

5.1 安全检查的开展必须有明确的目的、要求和具体计划，要落实检查责任，强调检查效果。各级安全生产检查工作要有书面记录资料，或者以检查通报形式向有关部门和领导进行传阅。

5.2 安全检查以查思想、查制度、查组织、查纪律、查设备、查操作、查隐患、查落实、查领导为抓手和主线，以日常、定期、专业、季节性和节前检查相结合的形式有针对性地开展。

5.3 安全检查工作要严、细、实，对发现的隐患和危及生产安全的行为要及时地予以制止，责令立即改正，教育员工杜绝类似情况的再次发生，对管理工作方面存在的缺陷，要有针对性地改进。

5.4 对查出的重大隐患问题，要逐项分析研究，并制订整改方案，做到定人员、定措施、定时间，立即整改，不得拖延，并将查出的问题纳入问题库管理，实时地跟进问题整改情况。对于有些限于物质技术条件，不能当时解决的问题，应及时地采取临时安全措施。

5.5 公司安全检查监督人员在履行安全监督检查职责时对发现的管理缺失和安全事故隐患下达“责令限期改正通知书”限期整改；对建设、开发项目检查中发现重大和特大事故隐患应下达“停工整改通知书”并按规定报告。

5.6 被检查部门必须积极配合安全检查人员的检查，如实提供相关记录。对于各部门检查指出的问题，必须高度重视，认真分析，切实整改；对收到的“责令限期改正通知书”或“停工整改通知书”，要及时地组织有关人员认真分析核实，对存在的问题制订整改措施，处理情况经公司主管领导签认后，于 ×× 日内反馈给填发部门。

5.7 对安全不重视或整改不到位的有关部门和责任人，公司将按照相关制度对其进行处罚并通报。

拟定		审核		审批	

第三节 安全检查管理表格

一、安全检查记录表

安全检查记录表

时间	部门	存在问题	整改要求	被检查单位签字	检查人员签字
隐患整改验收人确认签字					
备注	1. 检查应根据公司安全检查标准及法律、法规的其他安全规定，并分级制定相应的安全检查标准。 2. 经检查无问题的单位也必须签字确认。				

二、工厂平面布置安全检查表

工厂平面布置安全检查表

检查时间：　　　　　　　　　　　　检查人：

序号	检查内容	检查结果		备注
		是（√）	否（×）	
1	从单元装置到厂界的安全距离是否足够，重要装置是否设置了围栅			
2	装置和生产车间与公用工程、仓库、办公室、实验室之间是否有隔离区或处于火源的下风位置			
3	危险车间和装置是否与控制室、变电室隔开			
4	车间的内部空间是否按下述事项进行了考虑：物质的危险性、数量、运转条件、机器安全性等			
5	装置周围的产品出厂与火源的距离及其影响			
6	贮罐间距离是否符合防火规定，是否具备防液堤和地下贮罐			
7	废弃物处理是否会散出污染物，是否在居民区的下风位置			

三、车间环境安全检查表

车间环境安全检查表

检查时间：　　　　　　　　　　　　检查人：

序号	检查内容	检查结果		备注
		是（√）	否（×）	
1	车间中有毒气体浓度是否经常检测，是否超过最大允许浓度；车间中是否备有紧急沐浴、冲眼等卫生设施			
2	各种管线（蒸气、水、空气、电线）及其支架等，是否妨碍工作地点的通路			
3	对有害气体、蒸气、粉尘和热气的通风换气情况是否良好			
4	原材料的临时堆放场所及成品和半成品的堆放是否超过规定的要求			
5	车间通道是否畅通，避难道路是否通向安全地点			
6	对有火灾爆炸危险的工作是否采取隔离操作，隔离墙是否为加强墙壁；窗户是否做得最小；玻璃是否采用不碎玻璃或内嵌铁丝网；屋顶必要地点是否准备了爆炸压力排放口			
7	维修工进行设备维修时，是否准备有必要的工作空间			
8	在容器内部进行清扫和检修时，遇到危险情况，检修人员是否能从出入口逃出			
9	热辐射表面是否进行防护			
10	传动装置是否装设有安全防护罩或其他防护措施			
11	通道和工作地点、头顶与天花板是否留有适当的空间			
12	用人力操作的阀门、开关或手柄，在操纵机器时是否安全			
13	电动升降机是否有安全钩和行程限制器，电梯是否装有内部连锁			
14	是否采用了机械代替人力搬运			
15	危险性的工作场所是否保证至少有两个出口			
16	噪声大的操作是否有防止噪声措施			
17	是否装有电源切断开关以切断电源			
…				

四、原、材、燃料安全检查表

原、材、燃料安全检查表

检查时间：　　　　　　　　　　　　检查人：

序号	检查内容	检查结果		备注
		是（√）	否（×）	
1	对原、材、燃料的理化性质（融点、沸点、蒸气压、闪点、燃点、危险性等级等）了解如何，受到冲击或发生异常反应时会发生什么样的后果			
2	工艺中所用原材料分解时产生的热量是否经过详细核算			
3	对可燃物的防范有何措施			
4	有无粉尘爆炸的潜在性危险			
5	对材料的毒性了解否，允许浓度如何			
6	容纳化学分解物质的设备是否适用，有何安全措施			
7	为防止腐蚀及反应生成危险物质，应采取何种措施			
8	原、材、燃料的成分是否经常变更，混入杂质会造成何种不安全影响，流程的变化对安全造成何种影响			
9	是否根据原、材、燃料的特性进行合理的管理			
10	一种或一种以上的原料为何补充不上，有什么潜在性的危险，原料的补充是否能得到及时保证			
11	使用惰性气体进行清扫、封闭时会引起何种危险，气源供应是否有保证			
12	原料在贮藏中的稳定性如何，是否会发生自燃、自聚和分解等反应			
13	对包装和原、材、燃料的标志有何要求（如受压容器的检验标志、危险物品标志等）			
14	对所用原料使用何种消防装置及灭火器材			
15	发生火灾时有何种紧急措施			
…				

五、工艺操作安全检查表

工艺操作安全检查表

检查时间：　　　　　　　　　　检查人：

序号	检查内容	检查结果		备注
		是（√）	否（×）	
1	对发生火灾爆炸危险的反应操作，采取了何种隔离措施			
2	工艺中的各种参数是否接近了危险界限			
3	操作中会发生何种不希望的工艺流向或工艺条件以及污染			
4	装置内部会发生何种可燃或可爆性混合物			
5	对接近闪点的操作，采取何种防范措施			
6	对反应或中间产品，在流程中采取了何种安全制度，如果一部分成分不足或者混合比例不同，会产生什么样的结果			
7	正常状态或异常状态都有什么样的反应速度，如何预防异常压力、异常反应、混入杂质、流动阻塞、跑冒滴漏，发生了这些情况后，如何采取紧急措施			
8	发生异常状况时，有否将反应物质迅速排放的措施			
9	有何防止急剧反应和制止急剧反应的措施			
10	泵、搅拌器等机械装置发生故障时会产生什么样的危险			
11	设备在逐渐或急速堵塞的情况下，生产会出现什么样的危险状态			

六、生产设备安全检查表

生产设备安全检查表

检查时间：　　　　　　　　　　检查人：

序号	检查内容	检查结果		备注
		是（√）	否（×）	
1	各种气体管线有哪些潜在危险性			
2	液封中的液面是否保持得适当			
3	如果外部发生火灾会使设备内部处于何种危险状态			
4	如果发生火灾、爆炸，有无抑制火势蔓延和减少损失的必要设施			

续表

序号	检查内容	检查结果		备注
		是（√）	否（×）	
5	使用玻璃等易碎材料制造的设备是否采用了强度大的韧性材料，未用这种材料时应采取何种防护措施，否则会出现何种危险			
6	是否在特别必要的情况下才装设视镜玻璃，在受压或有毒的反应容器中是否装设耐压的特殊玻璃			
7	紧急用阀或紧急开关是否易于接近操作			
8	重要的装置和受压容器最后的检查期限是否超过日期			
9	是否实现了有组织的通风换气，如何进行评价			
10	是否考虑了防静电措施			
11	对有爆炸敏感性的生产设备是否进行了隔离，是否安装了屏蔽物和防护墙			
12	为了缓和爆炸对建筑物的影响，采取了什么样的措施			
13	压力容器是否符合国家有关规定并进行了登记			
14	压力容器是否进行了外部检查、无损探伤和耐压试验			
15	压力容器是否具备档案，检查过没有			
16	重要设备是否制定了安全检查表			
17	设备的可靠性、可维修性如何			
18	设备本身的安全装置如何			
…				

七、电气安全检查表

电气安全检查表

检查时间：　　　　　　　　　　　　　　检查人：

序号	检查内容	检查结果		备注
		是（√）	否（×）	
1	电气系统是否与生产系统完全平行地进行设计 （1）如装置一部分发生故障，其他独立部分会受到什么影响 （2）由于其他部分的缺陷和电压波动，装置的仪表能否得到保护			

续表

序号	检查内容	检查结果		备注
		是（√）	否（×）	
2	内部连锁或紧急切断装置是否能自动防止故障 （1）所用的内部连锁和紧急切断装置在何种情况下才会发生作用 （2）对这种装置来说是否已经把重复性和复杂性降至最小限度 （3）保险用的零部件和设施能够连续使用的情况如何 （4）对于特别选用的零部件具备标准中规定的条件如何			
3	使用的电气设备是否符合国家标准（按照生产上的要求分类）			
4	对电气系统的设计是否进行了最简便、最合理的布置，能否对传输负荷、减少误操作都起到作用			
5	如何做到使用电气用具不致妨碍生产，为了进行预防性检修，是否能从设备外部操作			
6	监视装置操作的电气系统是否已经仪表化，是否能以最少的时间了解到由超负荷引起的故障			
7	有无防止超负荷和短路的装置 （1）布线上是否配备了将发生缺陷部分分离的措施 （2）在切断电源的情况下，电容能达到何种程度 （3）连锁装置安装得是否齐全 （4）对所用零部件的寿命如何进行现场试验			
8	接地措施 （1）如何防止发生和消除静电 （2）对防雷装置采取何种措施 （3）动力线发生损坏时如何防止触电			
9	对照明的检查要求 （1）能否保证日常的安全操作（危险区与最危险区有否区别） （2）能否保证日常的维修作业 （3）在动力电源受到损坏时，避难通路和地点是否需要照明			
10	贮罐的地线有没有采取阴极保护			
11	动力切断器和起动器发生故障时，能否采取措施			
12	在大风的情况下，通信网能否安全地传递信息（电话、无线电、信号、警报等），通信网与动力线的隔离防护情况如何			
13	内部连锁如何进行点检，并如何以进度表格说明			
14	操作人员进行程序控制时，对控制装置变化前后的关键步骤，能否同时进行警报和自动点检			

八、机械装置安全检查表

机械装置安全检查表

检查时间：　　　　　　　　　　　　　检查人：

序号	检查内容	检查结果		备注
		是（√）	否（×）	
1	由于热膨胀对管线造成的外力是否在允许范围之内，有否适当的伸缩性和支撑			
2	正常运转速度和危险界限速度有否明确的概念			
3	泵、压缩机、动力机械在不做反向转动和逆流时，逆止阀能否灵活动作			
4	操作人员进行冲击性操作时变速机齿轮有否适当的安全率			
5	对铝制轴承使用润滑油系统是否全部经过过滤器了			
6	蒸气透平的吸入侧和排出侧是否都装设了排水管的抽出口			
7	凡蒸气透平中能够产生冷凝水的地方，能否见到由排水管的阀门中有水流出			
8	被驱动机械的耐受能力对透平运行速度是否适应			
9	平常运转或紧急停车时，是否考虑了对重要机械的紧急润滑			
10	对重要机械是否准备了备机或备件			
11	动力发生故障时，对运转或安全紧急停车考虑的情况如何			
12	在冷却塔送风机警报器或连锁装置装备了联动开关没有；通风装置固定地面输入侧燃烧时，为了进行冷却是否安装了喷水装置			
…				

九、安全隐患排查报告书

安全隐患排查报告书

重大安全事故隐患名称： 重大安全事故隐患所在车间： 重大安全事故隐患所在地点： 重大安全事故隐患所属部门负责人：　　　　　　　　电话： 发现时间：　　　　　　　　　　　　　　　　　　确认时间：

续表

重大安全事故隐患评估确认单位：
重大安全事故隐患类别和等级：
影响范围：
影响程度：
整改措施：
整改资金来源及保障措施：
整改目标：
预计整改完成时间：
是否有监控措施：
是否有应急预案：
重大安全事故隐患整改负责人：　　　　　　　　　电话：
重大安全事故隐患整治监督人：
说明：

填报车间负责人：　　　　　　填报人：　　　　　　联系电话：
填报日期：______年____月____日

十、整改指令书

整改指令书

安监管令：执督字（　）第（　）号

____

经查，你公司存在下列问题：

____
____
____
____
____
____

责令你单位对上述第____项问题立即整改；对____第____项问题于______年____月____日前整改完毕，并申请我部门复查。逾期不整改的，将依照公司有关规定给予处罚。由此造成事故的，将依照公司有关规定追究有关人员的责任。

安全生产监察员（签名）：

××公司

被检查单位负责人（签名）：　　　　　　生产安全部

签发日期：____年____月____日

十一、隐患整改通知单

隐患整改通知单

工程名称：　　　　　　　　　　　　　　　　　　　　　　　　编号：

致：（车间）

经检查发现，车间现场存在下列安全隐患：

____

____

____

限于______年____月____日前完成整改，并向我单位提出整改复查申请。

人力资源部安全委员会（签章）：

______年____月____日

签收人：　　　　　　　　　　签收日期：______年____月____日

注：

（1）人力资源部在排查过程中，根据工作职责和安全检查中发现的安全事故隐患，应当发出“安全隐患整改通知单”，要求车间限时整改，防止安全事故发生。

（2）“安全隐患整改通知”签收人为车间主任或者副主任。

（3）“安全隐患整改通知单”一式二份，人事部和车间各一份。

十二、安全整改计划表

安全整改计划表

隐患部位	隐患描述	整改意见	整改时限	负责部门
实验室	楼顶因漏雨易脱落	检查、维修		
冶炼车间	电炉直接置于木桌上，易引发火灾	加设水泥台，合理放置		
办公室	楼道内照明灯损坏	检查、维修		
仪器室	仪器室木制门不防盗	安装防盗门		
员工宿舍楼	（1）一楼门厅棚顶吊灯晃动，易脱落 （2）四、五楼走廊开关损坏	（1）拆除或加固一楼门厅吊灯 （2）检修走廊开关		
消防水泵房	电机井渗水，易导致电机不能正常工作	先解决排水问题，然后查找渗水原因，彻底解决渗水问题		
厂区后院	无行车标识线和标示牌	设置交通标示线和标示牌		

续表

隐患部位	隐患描述	整改意见	整改时限	负责部门
装配车间	个别“安全出口指示灯”损坏	检查维修		
油料储存间	油漆、汽油等易燃物品存放未达到规定的通风、防晒要求	按易燃易爆物品存放要求存放相关物品，满足通风、防晒要求，单独存放		

十三、整改情况复查意见书

整改情况复查意见书

安监管令：执督字（　　）第（　　）号

我部门于______年____月____日作出了限期整改的决定［安监管令：执督字（____）第（　　）号］，应你单位申请组织复查，经复查意见如下：

____

____

____

被复查单位（人）（签字）：　　　　______年____月____日

安全生产监察员（签字）：　　　　______年____月____日

××公司

生产安全部

______年____月____日

十四、重大安全事故隐患整改报告书

重大安全事故隐患整改报告书

呈报：　　　　　　　　　　　　　　　　　　　　第　　号

<table>
<tr><td>事故隐患单位</td><td colspan="2"></td><td colspan="2">地点</td><td></td><td colspan="2">发现隐患时间</td><td colspan="2"></td></tr>
<tr><td>安全生产第一责任人</td><td></td><td colspan="2">职务</td><td></td><td>安全生产责任人</td><td></td><td colspan="2">职务</td><td></td></tr>
<tr><td>安全生产监督检查单位</td><td colspan="2"></td><td colspan="2">责令整改时间</td><td></td><td colspan="2">整改期限</td><td colspan="2"></td></tr>
<tr><td>事故隐患</td><td colspan="9"></td></tr>
</table>

续表

整改过程（落实整改时间和措施）	
整改结果（排除事故隐患情况）	

填报单位（盖章）： 单位负责人（签名）： 报告人（签名）：
填报时间： 联系电话： 传真电话：

第五章

职业健康安全管理

第一节 职业健康安全管理要点

一、配置与管理职业病防护设施

任何企业只要存在有职业病危害因素的，都应根据工艺特点、生产条件和工作场所存在的职业病危害因素性质选择相应的职业病防护设施，以预防、消除或者降低工作场所的职业病危害，减少职业病危害因素对劳动者健康的损害或影响，达到保护劳动者健康的目的。一般常见的职业卫生防护设施有：

设施一	防尘：集尘风罩、过滤设备（滤芯）、电除尘器、湿法除尘器、洒水器
设施二	防毒：隔离栏杆、防护罩、集毒风罩、过滤设备、排风扇（送风通风排毒）、燃烧净化装置、吸收和吸附净化装置
设施三	防噪声、振动：隔音罩、隔音墙、减振器
设施四	防暑降温、防寒、防潮：空调、风扇、暖炉、除湿机
设施五	防非电离辐射（高频、微波、视频）：屏蔽网、罩
设施六	防电离辐射：屏蔽网、罩
设施七	防生物危害：防护网、杀虫设备
设施八	人机工效学：如通过技术设备改造，消除生产过程中的有毒有害源；生产过程中的密闭、机械化、连续化措施，隔离操作和自动控制等

二、配备职业病个人防护用品

个人防护用品（又称劳动防护用品、劳动保护用品，简称“防护用品”），是指劳动者在劳动中为防御物理、化学、生物等外界因素伤害人体而穿（佩）戴和配备的各种物品的总称。任何企业，只要存在职业病危害因素的，企业都应当为接触职业病危害因素操作人员提供符合国家标准和卫生要求的防护用品。在我国《安全生产法》《职业病防治法》和《使用有毒物品作业场所劳动保护条例》等法规中，都有关于个体防护装备的配备、管理等方面的规定，企业应该认真贯彻执行。

三、职业危害因素告知

为了有效预防、控制和消除职业病危害，防止发生职业病，切实保护企业员工健康及其相关权益，根据《中华人民共和国职业病防治法》（以下简称《职业病防治法》）、《工作场所职业卫生监督管理规定》《工作场所职业病危害警示标识》和《高毒物品作业岗位职业病危害告知规范》的有关规定，企业应做好职业危害因素告知的工作。

1. 劳动合同告知

企业人力资源管理部门与新老员工签订合同（含聘用合同）时，应将工作过程中可能产生的职业病危害及其后果、职业病危害防护措施和待遇等如实告知，并在劳动合同中写明。

企业如果没有与在岗员工签订职业病危害劳动告知合同的，应按国家职业病防治法律、法规的相关规定与员工进行补签。

员工在已订立劳动合同期间，因工作岗位或者工作内容变更，从事与所订立劳动合同中未告知的存在职业病危害的作业时，人力资源管理部门应向员工如实告知现所从事的工作岗位存在的职业病危害因素，并签订职业病危害因素告知补充合同。

2. 公告栏告知

在公司门口、作业场所醒目位置设置公告栏，职业卫生管理机构负责公告有关职业病防治的规章制度、操作规程、职业病危害事故应急救援措施、求助和救援电话号码。

职业病危害因素检测、评价结果应公布于作业场所，书面告知应该发到每位员工。公告内容应准确、完整、字迹清晰、及时更新。各有关部门应及时地提供需要公布的内容。

3. 岗位培训告知

公司应该组织员工进行岗前、岗中职业卫生安全教育培训，告知存在的职业病危害，宣传有关职业卫生安全方面的法律法规，学习本公司的规章制度、操作规程、职业病防治知识，开展生产安全事故和职业病危害事故的应急救援演练等。

4. 现场警示告知

公司职业卫生管理者应当在产生职业病危害的作业岗位的醒目位置，设置警示标识、警示线、警示信号、自动报警、通信报警装置、警示语句和中文警示说明。警示说明应当载明产生职业病危害的种类、后果、预防和应急处置措施等内容。警示标识分为禁止标识、警告标识、指令标识、提示标识和警示线。

存在或产生高毒物品的作业岗位，应当按照《高毒物品作业岗位职业病危害告知规范》的规定，在醒目位置设置高毒物品告知卡，告知卡应当载明高毒物品的名称、理化特性、健康危害、防护措施及应急处理等告知内容与警示标识。

有毒、有害及放射性的原材料或产品包装必须设置醒目的警示标识和中文警示说明。

5. 体检结果告知

如实告知员工职业卫生检查结果，发现疑似职业病危害的及时告知本人。员工离开本公司时，如索取本人职业卫生监护档案复印件，公司应如实、无偿提供，并在所提供的复印件上签章。

四、加强职业卫生监护

职业卫生监护是指以预防为目的，对接触职业病危害因素人员的健康状况进行系统的检查和分析，从而能够发现早期健康损害并且采取预防或者治疗的重要措施。企业对这方面要加以重视，具体的工作要精益到上岗前、在岗期间、离岗时和离岗后医学随访以及应急健康检查及职业卫生监护档案管理等内容。企业在职业卫生监护中的责任和义务为：

（1）对从事接触职业病危害因素作业的员工进行职业卫生监护是企业应尽的职责。企业应根据国家有关法律、法规，结合生产劳动中存在的职业病危害因素，建立职业卫生监护制度，保证员工能够得到与其所接触的职业病危害因素相应的健康监护。

（2）企业要建立健全职业卫生监护档案，由专人负责管理，并按照规定的期限妥善保存，要确保医学资料的机密和保护员工的职业卫生隐私权、保密权。

（3）企业应保证从事职业病危害因素作业的员工能按时参加安排的职业卫生检查，员工接受健康检查的时间应视为正常出勤。

（4）企业应安排即将从事接触职业病危害因素作业的员工进行上岗前的健康检查，但应保证其就业机会的公正性。

（5）企业应根据企业文化理念和企业经营情况，鼓励制定比本规范更高的健康监护实施细则，以促进企业可持续发展，特别是人力资源的可持续发展。

第二节 职业健康安全管理制度

一、劳动防护用品管理规定

标准文件		劳动防护用品管理规定	文件编号	
版次	A/0		页次	

1. 目的

为了规范现有各作业类别与工种的劳动防护用品发放标准、使用年限及发放领用流程，确保安全生产，特制定本规定。

2. 范围

适用于本公司生产过程中的安全防护监控与管理。

3. 术语、定义

3.1 劳动防护用品：指操作人员在生产过程中为免遭或减轻事故伤害和职业危害的个人随身穿（佩）戴的用品，简称防护用品。

3.2 防护功能：指劳动防护用品所具有的某种防护能力。

3.3 有效防护功能最低指标：指要求防护用品具有的最低的防护能力。

3.4 有效使用期：指能达到有效防护功能最低指标的使用时间。

4. 职责

4.1 综合管理办公室负责本规定的制定与修改。

4.2 质量安全员负责生产过程中劳动防护情况的检查与考核。

4.3 各车间中心主任、部门计划员、质量安全员负责提报劳动防护用品需求计划与组织发放，并负责劳动防护用品使用的监督检查。

4.4 采购部负责劳动防护用品的采购。

4.5 综合管理办公室、仓库负责劳动防护用品的验收、入库。

4.6 综合管理办公室负责劳动防护用品的发放。

4.7 综合管理办公室、质量安全员负责劳动防护用品台账的审查。

4.8 各种类作业人员有责任做好劳动防护工作，各班组长负责监督。

5. 管理规定

5.1 流程说明

步骤	工作事项	责任岗位	事项说明	应用表单
1	提报需求	车间主任	各车间主任根据工种、人数提报劳保用品需求	
2	审批签字	综合管理办公室	综合管理办公室对提报的需求进行审批并签字确认	
3	审核	质量安全员	质量安全员对提报的需求进行审核	
4	整理上报	车间计划员	各车间计划员整理并统一上报综合管理办公室	劳动防护用品需求计划表
5	提报采购计划	综合管理办公室	根据上报的需求信息提报采购计划	
6	采购	商务部商务工程师	采购正规、合格的劳动防护用品	
7	发放劳保用品	综合管理办公室	根据各部门上报的信息发放劳保用品	
8	建立发放台账	车间计划员	各车间计划员领取、发放劳保用品并建立发放台账	
9	员工领取签字确认	车间主任	各中心发放劳保用品时需员工签字确认，车间主任、计划员、质量安全员保存发放记录	员工领取劳动保护用品明细表

5.2 其他说明

根据现有作业类别，参照 GB 11651-89 UDC 675-682 制定《劳动防护用品发放规定与使用年限明细表》。在选用时应根据各工种涉及的作业类别综合考虑，同一作业要求护品具有多种防护功能时，应确认其防护功能。

5.3 判废规定

5.3.1 符合下述条件之一者，即予判废：

（1）不符合国家标准或专业标准。

（2）未达到上级劳动保护监察机构根据有关标准和规程所规定的功能指标。

（3）在使用或保管储存期内遭到损坏或超过有效使用期，经检验未达到原规定的有效防护功能最低指标。

5.3.2 判废程序。

（1）每年由公司安全专员组织，对劳动防护用品进行全面检查，需要技术鉴定的送国家授权的劳动防护用品检验站检验。

（2）凡达不到上述指标的防护用品，立即作出判废处理决定。

（3）判废后的劳动防护用品，禁止作为劳动防护用品再使用。

5.4 激励措施

5.4.1 各工种工人在工作场所必须准备相宜的劳动防护用品，在工作时必须正确佩戴。对操作人员在工作时不佩戴必要的劳动防护用品的，根据《安全管

<table>
<tr><td colspan="6">理奖惩制度》进行处罚。
5.4.2 各工种个人使用的防护用品，由本人负责维护、保管，确保无人为损坏。对不履行维护、保管义务造成防护用品损坏的，发现一次扣罚 ×× 分、对故意损坏劳动防护用品的，从重处罚。
5.4.3 各部门应对新员工如何正确使用劳动防护用品做上岗前培训，并定期组织相关人员进行劳动防护用品正确穿戴等方面的培训。
5.4.4 员工在使用中发现劳动防护用品存在质量问题时，应立即向安全管理人员或直接向各级领导报告。
5.4.5 质量安全员、综合管理办公室每月对各部门的劳动防护用品台账进行审查、通报，对不符合要求的部门进行严格考核。</td></tr>
<tr><td>拟定</td><td></td><td>审核</td><td></td><td>审批</td><td></td></tr>
</table>

二、职业危害告知制度

<table>
<tr><td colspan="2">标准文件</td><td rowspan="2">职业危害告知制度</td><td>文件编号</td><td></td></tr>
<tr><td>版次</td><td>A/0</td><td>页次</td><td></td></tr>
<tr><td colspan="5">1. 目的
为贯彻落实《职业病防治法》，使员工依法享有职业卫生健康保护的权利，加强有毒、有害作业场所的职业病防治管理，预防、控制、消除职业危害，保护员工身体健康，特制定本制度。
2. 术语、定义
2.1 职业病：是指企业员工在职业活动中，因接触粉尘和其他有毒、有害物质等因素引起，并列入国家公布的职业病范围的疾病。
2.2 职业危害：是指对职业活动中的企业员工可能导致职业病的各种危害。职业病危害因素包括：职业活动中存在的各种有害的物理、化学、生物因素以及在作业过程中产生的其他职业有害因素。
2.3 职业禁忌症：是指企业员工从事特定职业、接触特定职业病危害因素，在从事作业过程中诱发可能导致对他人生命健康构成危险的疾病，及个人特殊生理和病理状态。
2.4 有害作业：是指在生产环境和过程中存在的可能影响身体健康的因素（包括物理因素、化学因素、生物因素等）。
3. 管理职责
3.1 安全生产办公室负责公司职业病预防、统计管理工作，建立健全职业卫</td></tr>
</table>

生管理制度、职业卫生健康档案，制订职业病防治计划和实施方案、职业病危害事故应急救援预案；负责职业危害因素的辨识、评价，开展职业病防治的宣传、教育每年定期与地方疾病防治控制中心取得联系，对各部门存在粉尘、毒害品、噪声等职业危害的作业场所进行检测，对现场存在的不合格检测项目，及时通知相关部门落实整改。

3.2 管理部负责与员工签订劳动合同，同时应当将工作过程中可能产生的职业病危害及其后果、工资待遇如实告知员工，并在劳动合同中写明；不得安排有职业禁忌症患者入厂，不得安排未经职业健康检查的人员入厂；对在职业健康体检中发现的职业病患者，应当及时地调离原工作岗位，并妥善安置；对未进行离岗前职业健康检查的员工，不得解除或终止与其订立的劳动合同。

3.3 各部门负责落实职业病防治工作，对职业病防治设备进行定期检查、维护、保养和检测，保持正常运转，并按规定给员工发放个人卫生防护用品；不得安排有职业禁忌症的员工从事具有职业病危害的作业，建立健全员工职业卫生健康管理档案。

3.4 员工在生产劳动过程中，应严格遵守职业病防治管理制度和职业安全卫生操作规程，并享有职业病预防、治疗和康复的权利。

4. 管理规定

4.1 一般规定

4.1.1 安全生产办公室及各部门应对员工进行岗前职业病防治的宣传教育，每年要定期开展多种形式的职业卫生和职业病防治的培训工作。对从事有害作业的员工每年进行一次职业健康检查，并及时地将检查结果告知员工本人。

4.1.2 各部门应在对可能发生急性职业中毒和职业病的有害作业场所，配备医疗急救药品箱和急救设施。

4.1.3 安全生产办公室要严格管理有毒化学品、放射源以及其他对人体有害的物品，并在醒目位置设置安全标志。

4.1.4 各部门应当主动采取综合防治的措施，采用先进技术、先进工艺、先进设备和无毒材料，控制、消除职业危害的发生，降低生产成本。

4.2 报告程序

4.2.1 凡发现职业病患者或疑似职业病患者时，管理者应当及时向安全生产办公室报告，当确诊为职业病的，由安全生产办公室及时向公司领导汇报，同时向所在地劳动保障部门报告。

4.2.2 职业病的诊断鉴定，由市疾病防控中心诊断。

4.2.3 急性职业中毒和其他急性职业病诊治终结，疑有后遗症或者慢性职业病的，应当由市级职业病诊断鉴定组织予以确认。

4.2.4 当安全生产办公室接到市职业病诊断鉴定组织的结论定为职业病后，填写“职业病登记表”，按国家有关规定进行职业病报告，建立员工职业病健康档案。 4.2.5 各部门应当及时地通知本部门的疑似职业患者进行诊断；在疑似职业患者诊断或医学观察期间的费用，由公司承担。					
拟定		审核		审批	

三、职工职业健康体检管理制度

标准文件		职工职业健康体检管理制度	文件编号	
版次	A/0		页次	

1. 目的

为保障员工的身体健康，消除职业性危害，预防职业病的发生，提高劳动效率，根据《职业病防治法》及其相关法律法规的规定，结合我公司的实际情况和生产特点，特制定本制度。

2. 适用范围

本制度适用于本公司员工职业健康体检管理工作。

3. 术语、定义

3.1 职业卫生检查：是指采用医学方法筛选职业人群中一些较敏感的个体来探讨疾病与职业的关系，从而达到确保从业人员健康和促进安全生产的目的。

3.2 职业禁忌：是指员工从事特定职业或者接触特定职业病危害因素时，比一般职业人群更易于遭受职业病危害和患职业病或者可能导致原有自身疾病病情加重，或者在从事作业过程中可能诱发导致对他人生命健康构成危险的疾病的个人特殊生理或者病理状态。

3.3 职业禁忌症：某些疾病（或某些生理缺陷），其患者如从事某种职业便会因职业性危害因素而使疾病病情加重或易于发生事故，则称此疾病（或生理缺陷）为该职业的职业禁忌症。

4. 职责

4.1 人力资源部是体检管理工作的负责部门，负责员工体检管理标准的制定与修订工作，下达公司员工年度体检计划并组织实施，建立健全全公司在册人员的职业卫生监护档案。

4.2 人力资源部负责新员工上岗前体检工作，负责与职业病危害因素有关的职业病或职业禁忌症者调离、调换岗位的员工健康档案的管理工作。

4.3 工会负责监督员工体检管理工作的落实。

5. 控制程序

5.1 职业健康体检应由取得省级卫生行政部门批准的职业健康体检机构进行。

5.2 职业性健康检查范围

5.2.1 接触生产性有害因素或对健康有特殊要求的员工上岗前的职业性健康检查。

5.2.2 接触生产性有害因素的其他作业者。

5.3 体检类别

职业性健康检查是指对从事有毒有害作业员工的健康状况进行医学检查，职业性健康检查包括以下几种检查类别：

5.3.1 就业前健康检查：是指将要从事有害作业的员工（包括转岗人员），应在上岗前针对可能接触的有害因素进行的健康检查。

5.3.2 定期职业性健康检查：是指对从事有害作业的员工按一定的间隔时间（周期）及规定的项目进行健康检查。

5.3.3 应急性健康检查：工作场所发生危害员工健康的紧急情况时，需立即组织同一工作场所的员工进行健康检查。

5.3.4 离岗健康检查：员工不再从事有毒有害作业，应在离岗时进行健康检查。

5.3.5 职业病患者和观察对象定期复查：指对已诊断为职业病的患者或观察对象，根据职业病诊断的要求，进行定期复查。

5.3.6 非职业性健康检查：指对不从事有害作业员工的健康检查，不包括由于员工患病所需要的检查。

5.4 体检内容、体检周期

5.4.1 根据公司生产特点和员工从事的作业岗位特点，可将公司的定期体检分为一般健康监护体检（非职业性健康检查）和有毒有害岗位体检两项，体检项目的内容根据国家相关法律法规的内容制定。

（1）非职业性健康检查（一般健康监护体检）内容为：内科常规检查，心电图、肝功能、血常规、尿常规检查，既往病史、现病史查询，女工增加妇科项目检查。

（2）职业性健康检查（即有毒有害岗位体检）内容为：

① 粉尘作业体检：一般健康监护体检内容 + 高千伏胸部 X 射线摄片 + 肺功能。

② 氨气作业体检：一般健康监护体检内容 + 胸部 X 射线摄片 +B 超 + 肺功能（其中 B 超与肺功能检查为视员工作业危害严重程度和劳动者健康损害状况的选检项目）。

③ 酸性物质作业体检：一般健康监护体检内容 + 口腔 + 鼻腔检查 + 肝脾 B 超 + 胸部 × 射线摄片（其中肝脾 B 超与胸部 X 射线摄片检查为视员工作业危害严重程度和员工健康损害状况的选检项目）。

④ 致化学性眼灼烧的化学物体检：一般健康监护体检内容 + 眼部检查 + 耳鼻咽喉科 + 角膜荧光素染色及裂隙灯观察（检查角膜及内眼），其中角膜荧光素染色及裂隙灯观察为视员工工作危害严重程度和员工健康损害状况的选检项目。

⑤ 有机物质（乙炔等各类有机助剂）作业体检：一般健康监护体检内容 + 末梢感觉检查 + 肝脾 B 超 + 神经肌电图 + 头部 CT+ 血清学检查（其中肝脾 B 超、神经肌电图、头部 CT、血清学检查为视员工作业危害严重程度和劳动者健康损害状况的选检项目）。

⑥ 电工作业体检：一般健康监护体检项目 + 肱二头肌 + 肱三头肌 + 膝反射 + 视力 + 色觉 + 脑电图（其中脑电图检查为视员工作业危害严重程度和劳动者健康损害状况的选检项目）。

⑦ 噪声作业体检：一般健康监护检查项目 + 纯音听力测试 + 耳鼻检查。

⑧ 机动车驾驶作业体检：一般健康监护检查项目 + 远视力 + 色觉 + 听力 + 胸部X线透视。

5.4.2 体检周期

（1）非职业性健康检查（一般健康监护体检）的体检周期为两年一次。

（2）职业性健康检查周期依据公司的实际情况规定如下：

① 粉尘作业：一年体检一次。

② 氨气作业：一年体检一次。

③酸性物质作业：两年体检一次。

④ 致化学性眼灼伤的化学物质作业：一年体检一次。

⑤ 有机物作业内容：一年体检一次。

⑥ 电工作业：两年体检一次。

⑦ 噪声作业：在 90 ~ 100dB（A）的 2 年体检一次、大于 100dB（A）的 1 年体检一次。

⑧ 其他岗位每 2 年体检一次。

5.5 体检结果处理及要求

5.5.1 所有调入、签订劳动合同的员工，在上岗前必须进行体检，由人力资源部向当地人民医院提供人员名单，人力资源部负责组织体检。在体检期间必须接受有害有毒物质危险性知识及气防应知应会技能培训，经考核合格后，再根据体检结果分配相应的岗位工作，人力资源部应建立原始的员工健康监护档案，并备案。

5.5.2 公司在册人员体检结果汇总后由人力资源部负责存档，每项体检化验分析单要保存到员工档案中，各类所拍片子要妥善保存，员工体检档案中每个项目的检查都要有医生的签字。

5.5.3 员工健康监护档案应维护其真实性、科学性、保密性。除公司领导、人力资源部的工作人员因工作需要按照档案的管理规定查阅外，其他人员无权随意查阅。

5.5.4 体检中发现与职业因素有关的疾病或职业禁忌症，人力资源部要填写到体检结果一览表中，工种不适者，由人力资源部会同其相关部门予以调整。

5.5.5 人力资源部在组织员工体检中发现群体性反应且可能与所接触的职业性危害因素有关时，要对作业环境进行卫生学调查、评价，相关部门要积极配合，对监测超标的岗位和有毒有害岗位监测结果要定期上报给公司领导，对接触职业性危害因素员工进行体检时，也必须对员工接触的作业场所有害有毒因素进行监测。

拟定		审核		审批	

第三节 职业健康安全管理文书与表格

一、关于成立职业卫生安全管理机构的通知

关于成立职业卫生安全管理机构的通知

为了预防、控制和消除职业病危害，防治职业病，保护公司员工的健康及其相关权益，改善生产作业环境，搞好职业卫生工作，促进公司的可持续发展，根据《职业病防治法》的规定，经 ××× 年 ×× 月 ×× 日公司办公会议研究，决定成立职业卫生工作领导小组，办事机构设在 ×× 部。现将有关决定通知如下：

一、职业卫生工作领导小组成员。

组长：1 名（总经理或企业分管职业卫生的副总经理）。

副组长：2 名（企业分管安全生产、职业卫生部门负责人）。

组员：由安技、卫生、工会等部门和相关车间主任组成。

职业卫生工作领导小组全面负责公司的职业卫生工作（副组长为企业职业卫生管理负责人）。

二、各车间职业卫生管理机构。

负责人：车间主任。

组员：各班（组）长。

三、×× 部为本公司职业卫生管理机构，在其内设专（兼）职的职业卫生专业人员，负责本公司的职业病防治工作。

1. 建立好本公司的职业卫生管理台账及有关档案，并妥善保存。

2. 依法组织对员工进行上岗前、在岗期间、离岗时及应急的职业卫生检查，发现有与所从事职业相关的健康受到损害的员工，应将其及时地调离原岗位，并妥善安置。

3. 依法组织对劳动者的职业卫生教育与培训。

4. 向员工提供符合职业病防治要求的职业卫生防护设施和个人防护用品，积极改善作业条件。

5. 依法组织本公司职业病患者的诊疗。

6. 定期、不定期地组织对公司和相关部门职业病防治工作开展情况进行检查，对查出的问题及时处理，或上报领导小组处理，落实部门按期解决。

四、×× 部负责本公司职业病危害因素监测管理，在其内设专（兼）职专业人员，负责日常监测。

1. 组织开展对本公司各作业场所的职业病危害因素日常监测。

2. 建立好本公司的职业病危害监测档案，并妥善保存。

3. 定期委托有资质的职业卫生技术服务机构对作业场所进行职业病危害检测与评价。

4. 检测与评价结果要及时向市卫生行政部门报告，并向员工公布。

×× 公司

______年____月____日

二、劳动合同职业病危害因素告知书

劳动合同职业病危害因素告知书

________先生 / 女士：

您所在的________车间________岗位，存在职业病危害因素____________。

如防护不当，该职业病危害因素可能对您的________________造成损害。

在本岗位，本公司按照国家有关规定，对职业病危害因素采取了职业病防护措施，并对您发放个人防护用品________________。

一旦发生职业病，本公司将按照国家有关法律、法规，为您提供相应待遇。

当您的工作岗位发生变更时，请重新与本公司签订劳动合同职业病危害因素告知书。

请您履行以下义务：

自觉遵守本公司制定的本岗位职业卫生操作规程和制度；正确使用职业病防护设备和个人职业病防护用品；积极参加职业卫生知识培训：定期参加职业病健康体检；发现职业病危害隐患事故应当及时报告上级主管：树立自我保护意识，积极配合本公司，避免职业病的发生。欢迎您随时提出行之有效的预防职业病的建议。

特此告知。

公司盖章　　　　　　　　　　本人签字

______年____月____日　　　　　　______年____月____日

三、职业健康检查告知书

职业健康检查告知书

__________：

您于______年____月____日在________人民医院体检中心进行的（岗前、岗中、离岗）职业健康检查结果如下：

1. 血压增高　　2. 血常规异常　　3. 尿常规异常

4. 肝功能异常　　5. 乙肝表面抗原阳性　　6. 心电图异常

7. 胸部 × 光异常　　8. 彩超异常

建议复查

特此告知。

告知人：× × 公司职业健康部　　　　被告知人：____________

______年____月____日　　　　______年____月____日

（此表一式两份，被告知人和告知人各执一份）

四、职业健康检查结果告知书

职业健康检查结果告知书

__________:

您于______年____月____日参加了______人民医院的职业健康检查，根据《职业病防治法》《作业场所职业健康监督管理暂行规定》的规定，现将检查结果、结论及处理意见如实向您告知（见“______年度体检结果一览表”）。若有异常项目，请您按照体检结果一览表上的要求，及时到医院进行复查，以确保您的身体健康。

被告知人签字：

××公司

______年____月____日

附 “______年度体检结果一览表”（略）

五、职业病危害个人防护用品发放登记

职业病危害个人防护用品发放登记

调查日期	个人防护用品名称	生产厂家	规格/型号	作业区/工段	工种/岗位	数量	单位（个/套/付）	更换周期	备注

注：防护用品名称应填全，更换周期是指多长时间发放一次或更换一次。

六、接触职业病危害人员体检结果

接触职业病危害人员体检结果

体检日期	接触人数	应检人数	实检人数	体检率（%）	未体检人数及原因	检出禁忌症数	检出职业病人数

注：每年度将本年度体检结果填入，未体检原因应注明，检出的禁忌症/职业病在表中列出。

七、职业病和疑似职业病人的报告

职业病和疑似职业病人的报告

××卫生局、卫生监督所：

我司于_____年___月___日组织从事接触职业病危害作业的员工在__________机构进行了职业卫生检查（体检机构具有相应资质），体检结果发现：疑似职业病人____人。经职业诊断机构诊断后确诊职业病____人（诊断机构有相应资质），现上报（见名单）。

对发现的疑似职业病人和职业病人，我司已按照处理意见妥善处理。

附：1. 疑似职业病人名单及处理情况（略）。
2. 职业病人名单及处理情况（略）。

××公司（盖章）
_____年___月___日

八、职业病事故报告与处理记录表

职业病事故报告与处理记录表

企业名称		法定代表人	
事故报告人		联系电话	
基本情况： 1. 发生时间：_____年___月___日___时 2. 发生场所（车间名称）：_________岗位及工作内容_______________________。 3. 发病情况：接触人数_____，发病人数_____。送医院治疗人数_____，死亡人数_____。 4. 职业病有害因素名称：_______________________________。			

续表

<table>
<tr><td colspan="2">事故经过（事件起因、患者主要临床表现、救援过程和处理情况）：

事故性质最终分析结论：</td></tr>
<tr><td>事件报告情况</td><td>1. 报告时间：______年____月____日____时
2. 报告单位：

负责人（签名）：
日期：______年____月____日</td></tr>
</table>

九、职业病患者一览表

职业病患者一览表

姓名	车间、岗位	职业病名	诊断部门	诊断时间	处理情况

负责人（签名）：　　　　日期：______年____月____日

十、疑似职业病患者一览表

疑似职业病患者一览表

姓名	车间、岗位	疑似职业病名	体检机构	体检时间	处理情况

负责人（签名）：　　　　日期：______年____月____日

十一、职业病人登记表

职业病人登记表

姓名	性别	出生年月	身份证号	工种	作业工龄	接触危害因素名称	职业病名称	诊断日期	诊断机构	病情进展情况				死亡日期及原因
										日期	结论	日期	结论	

注：既往发生的职业病均应列入；各类体检检出的职业病均应列入；职业病名称以诊断结果为准；职业病进展情况应根据职业病诊断变化结果随时记录；死亡情况应将死亡日期和死亡原因分别填入。

十二、______年度接触有毒有害作业工人健康检查结果一览表

______年度接触有毒有害作业工人健康检查结果一览表

体检类别：岗前（　）、在岗期间（　）、离岗（　）、应急（　）

姓名	性别年龄	车间	上 / 离岗时间	体检结论	处理意见	落实情况	职业卫生检查表（编号）

负责人（签名）：　　　　　　　　　　日期：______年____月____日

十三、员工职业卫生监护档案

员工职业卫生监护档案

姓名：____________　性别：______

出生年月：______年____月　　　身份证号：________________________

所在车间：______________　　　岗位工种：________________________

接触职业病危害因素名称：____

一、职业史及职业病危害因素接触史

起止日期	工作单位	车间	工种	职业病危害因素	防护措施

二、既往病史：____

____

三、急慢性职业病史

病名：________ 诊断日期：________ 诊断单位：________ 是否痊愈：________

其他补充说明：____

四、历年职业卫生检查结果及处理情况

体检时间	体检时从事工种	主要体检结果	处理情况	体检单位

五、历年作业场所职业病危害因素监测与评价情况

监测时间	危害因素种类	主要监测结果	评价情况	处理情况	监测单位

六、职业病诊疗情况

诊断时间	从事工种	诊断结论	诊断单位	治疗情况

职业病诊疗相关单据粘贴处

十四、职业病危害项目申报表

职业病危害项目申报表

公司（盖章）： 主要负责人（签字）： 日期：

<table>
<tr><td colspan="2">申报类别</td><td colspan="2">初次申报○ 变更申报○</td><td>变更原因</td><td colspan="2"></td></tr>
<tr><td colspan="2">公司注册地址</td><td colspan="2"></td><td>工作场所地址</td><td colspan="2"></td></tr>
<tr><td colspan="2" rowspan="2">企业规模</td><td colspan="2" rowspan="2">大○ 中○ 小○ 微○</td><td>行业分类</td><td colspan="2"></td></tr>
<tr><td>注册类型</td><td colspan="2"></td></tr>
<tr><td colspan="2">法定代表人</td><td colspan="2"></td><td>联系电话</td><td colspan="2"></td></tr>
<tr><td colspan="2" rowspan="2">职业卫生管理
机构</td><td colspan="2" rowspan="2">有○ 无○</td><td rowspan="2">职业卫生管理
人员数</td><td>专职</td><td></td></tr>
<tr><td>兼职</td><td></td></tr>
<tr><td colspan="2">劳动者总人数</td><td colspan="2"></td><td>职业病累计人数</td><td colspan="2"></td></tr>
<tr><td rowspan="5">职业病危害因素种类</td><td colspan="2">粉尘类：有○ 无○</td><td>接触人数</td><td></td><td colspan="2" rowspan="5">接触职业病危害总人数：</td></tr>
<tr><td colspan="2">化学物质类：有○ 无○</td><td>接触人数</td><td></td></tr>
<tr><td colspan="2">物理因素类：有○ 无○</td><td>接触人数</td><td></td></tr>
<tr><td colspan="2">放射性物质类：有○ 无○</td><td>接触人数</td><td></td></tr>
<tr><td colspan="2">其他：有○ 无○</td><td>接触人数</td><td></td></tr>
<tr><td rowspan="5">职业病危害因素分布情况</td><td>作业场所名称</td><td colspan="2">职业病危害因素名称</td><td>接触人数（可重复）</td><td colspan="2">接触人数（不重复）</td></tr>
<tr><td rowspan="4">（作业场所 1）</td><td colspan="2"></td><td></td><td colspan="2"></td></tr>
<tr><td colspan="2"></td><td></td><td colspan="2"></td></tr>
<tr><td colspan="2"></td><td></td><td colspan="2"></td></tr>
<tr><td colspan="2">……</td><td></td><td colspan="2"></td></tr>
<tr><td rowspan="9">职业病危害因素分布情况</td><td>作业场所名称</td><td colspan="2">职业病危害因素名称</td><td>接触人数（可重复）</td><td colspan="2">接触人数（不重复）</td></tr>
<tr><td rowspan="4">（作业场所 2）</td><td colspan="2"></td><td></td><td colspan="2" rowspan="4"></td></tr>
<tr><td colspan="2"></td><td></td></tr>
<tr><td colspan="2"></td><td></td></tr>
<tr><td colspan="2">……</td><td></td></tr>
<tr><td rowspan="3">……</td><td colspan="2"></td><td></td><td colspan="2" rowspan="3"></td></tr>
<tr><td colspan="2"></td><td></td></tr>
<tr><td colspan="2"></td><td></td></tr>
<tr><td colspan="4">合计</td><td colspan="2"></td></tr>
</table>

填报人： 联系电话：

十五、职业禁忌症登记表

职业禁忌症登记表

姓名	性别	出生年月	身份证号	工种	作业工龄	接触危害因素名称	禁忌症名称	检出日期	处理结果和时间	备注

注：各类体检检出的禁忌症均应列出；禁忌症名称以体检结论为准；处理结果应注明调离到何岗位或其他处理结果。

十六、职业病危害因素日常检测记录

职业病危害因素日常检测记录

编号：　　　　　　　　　　　　　　　　　　　　检测人：

序号	职业病危害岗位	检测项目									
		噪声 dB	温度（℃）	其他粉尘（ug/m^3）	盐酸（是否泄漏）	氢氧化钠（是否泄漏）	一氧化碳（FS）	活性炭粉尘（ug/m^3）	煤尘（ug/m^3）	氨（气味）	硫化氢（FS）
1	配料		—		—	—	—	—	—	—	—
2	液化			—			—	—	—	—	—
3	脱色过滤	—		—	—	—	—		—	—	—
4	离子交换			—	—		—	—	—	—	—
5	蒸发浓缩			—	—	—	—	—	—	—	—
6	异构			—	—	—	—	—	—	—	—
7	色谱分离			—	—	—	—	—	—	—	—
8	罐装		—	—	—	—	—	—	—	—	—
9	……			—	—	—		—		—	—

十七、职业病危害监测结果一览表

职业病危害监测结果一览表

检测日期	危害因素名称	监测点数	合格点数	合格率	未监测原因	超标原因

注：每季按危害因素种类分别记录；未监测原因应注明；超标原因应在表中列出。

第六章

消防安全管理

第一节 消防安全管理要点

一、建立消防安全管理机构

消防安全管理机构的建立是为了在消防事故发生时，企业能够迅速组织人手，开展灭火工作。消防安全工作要贯彻“管生产必须管安全”“谁主管谁负责”的原则，各级安全第一责任人即为各级消防安全责任人的原则，逐级建立和落实消防安全责任制和消防安全岗位责任制的原则。企业要逐级建立“专业管理、岗位负责、全员参与、统一监督”的消防安全管理模式，即以专业技术管理为基础，生产、管理岗位全面负责，全体员工人人有责，归口管理部门统一监督的管理模式。

二、进行宣传、教育、培训

企业对员工的消防安全宣传、培训每半年至少1次；新员工消防安全培训不合格不得上岗。培训应包括以下内容：

（1）消防安全法规，本公司的消防规程、消防安全制度和保证消防的操作规程。

（2）消防安全知识，本单位、本岗位的火灾危险性和防火措施。

（3）有关消防器材、消防设施的性能和使用方法。

（4）本公司、本岗位的火灾预案。

（5）报告火警、扑灭初期火灾以及自救逃生知识和技能。

（6）组织、引导在场员工疏散的知识和技能。

三、防火检查与巡查

1. 防火安全委员会的防火检查

防火安全委员会每月应组织1次本公司范围内的防火检查，并填写防火检查记录。检查应当包括以下内容：

（1）火灾隐患的整改情况以及防范措施的落实情况。

（2）安全疏散通道、疏散指示标志、应急照明和安全出口情况。

（3）消防车通道、消防水源情况。

（4）灭火器材配置及有效情况。

（5）用火、用电有无违章情况。

（6）特殊工种人员以及其他员工消防知识的掌握情况；消防安全重点部位的管理情况；易燃、易爆危险物品和场所防火、防爆措施的落实情况以及其他重要物资的防火安全情况；消防（控制室）值班情况和设施运行、记录情况。

（7）防静电设施的检测情况。

（8）避雷针及接地网的测试情况。

2. 进行防火巡查

企业应确定生产、办公区域禁止吸烟、禁止动火和防火巡查制度，确定巡查的人员、内容、部位。公司消防安全管理部门专职人员每周巡查应包括下列内容，并做好记录存档备查：

（1）检查消防通道、安全出口、疏散通道是否畅通，消防安全标志是否完好。

（2）监督检查常规消防运行情况。

（3）监督检查特殊消防维护保养情况，监督检查生产、施工、检修现场用火、用电、易燃易爆材料使用有无违章情况。

（4）监督检查生产、施工、检修现场动火票执行情况。

（5）监督检查防火重点部位制度落实管理情况。

（6）监督检查管辖区有无违章吸烟情况。

（7）监督检查外包施工现场消防安全情况。

（8）监督检查生活区域消防安全情况。

（9）监督检查专职消防队工作执行情况。

（10）其他消防安全情况。

四、建立健全消防档案

消防档案应当包括消防安全基本情况和消防安全管理情况。消防档案应当详实、全面地反映企业消防工作基本情况，并附有必要的图表，根据情况变化及时更新。企业应当对消防档案统一保管、备查。消防安全基本情况应当包括以下内容：

（1）公司基本概况和消防安全重点部位情况。

（2）建筑物或者场所施工、使用或者作业前的消防设计审核、竣工消防验收以及消防安全检查的文件、资料。

（3）消防管理组织机构和各级消防安全责任人。

（4）消防安全制度。

（5）消防设施、灭火器材情况。

（6）专职消防队、义务消防队人员及其消防装备配备情况。

（7）与消防安全有关的重点工种人员情况。
（8）新增消防产品、防火材料的合格证明材料。
（9）灭火和应急疏散预案。

第二节 消防安全管理制度

一、公司消防安全管理与考核细则

标准文件		公司消防安全管理与考核细则	文件编号	
版次	A/0		页次	

1. 目的

为了预防和减少火灾事故危害，保护员工人身健康安全和公司财产安全，特制定本细则。

2. 适用范围

本细则规定了公司消防管理方针、原则、消防组织管理、消防职责、火灾预防、消防设施与装备、灭火救援等基本任务，本细则适用于公司所属各部门。

3. 管理规定

3.1 消防工作方针及原则

3.1.1 消防工作贯彻预防为主、防消结合的方针，按照政府统一领导、部门依法监管、企业全面负责、员工积极参与的原则，实行消防安全责任制，建立健全全员知晓的消防工作网络。

3.1.2 企业法人是公司的消防安全责任人，对本公司的消防安全工作全面负责。

3.1.3 企业内部消防工作由公司主管安全的副经理领导，消保科实施监督管理；具体负责实施和指导各部门的防火、灭火任务。

3.1.4 各部门领导为消防安全第一责任人，负责搞好本部门日常消防安全工作，主管生产的副主任为消防安全管理人。

3.1.5 消保科是企业实现安全生产的重要组成力量，是企业消防安全的保障，要认真履行消防职责，确保本公司消防安全。

3.2 消防安全职责

3.2.1 消防安全责任人的消防安全职责：

（1）贯彻执行消防法规，保障本公司消防安全符合规定，掌握本公司的消防安全情况。

（2）将消防工作与本公司的生产、经营、管理等活动统筹安排，批准实施年度消防工作计划。

（3）为本公司的消防安全提供必要的经费和组织保障。

（4）确定逐级消防安全责任，批准实施消防安全制度和保障消防安全的操作规程。

（5）组织防火检查，督促落实火灾隐患整改，及时地处理涉及消防安全的重大问题。

（6）组织制订审核符合本公司实际的灭火和应急疏散预案，并实施演练，建立义务消防队。

3.2.2 消防安全管理员的消防安全职责：

（1）拟订年度消防工作计划、消防安全培训计划，组织实施日常消防安全管理工作。

（2）组织制定消防安全制度和保障消防安全的操作规程，并检查监督落实。

（3）组织实施防火检查和火灾隐患整改工作。

（4）组织实施对本公司消防设施、灭火器材和消火栓的维护保养，确保其完好有效，确保消防疏散通道和安全出口畅通。

（5）组织员工开展消防知识、技能的宣传教育和培训，组织灭火和应急疏散预案的实施和演练，组织管理训练义务消防队。

（6）公司消防安全责任人委托的其他消防安全管理工作。

（7）部门消防安全管理员应当定期向本公司消防安全责任人报告本部门消防安全情况，及时报告涉及消防安全的重大问题。

3.2.3 消保科的主要职责：

（1）编制消防工作计划，部署、检查、指导消防安全工作。

（2）承担公司新建、改建、扩建及技改工程有关防火措施、消防设施的审查和验收。

（3）掌握企业生产过程的火灾特点，经常深入基层监督检查火源、火险及灭火设施的管理，督促落实火险隐患的整改，确保消防设施完好、消防道路畅通。

（4）负责组织建立健全企业义务消防队，并对其进行业务技术指导，负责全体员工的防火灭火等消防知识教育培训。

（5）审核审批占有消防通道、参加火灾爆炸事故的调查处理工作。

（6）负责健全公司防火档案，对关键装置和要害部位制订出切实可行的消防灭火预案，每年至少演练2次以上。

（7）负责为公司各部门按消防标准提供消防灭火器材的审核、鉴定、服务、检查、更换、配发及灭火器的充装等工作。

（8）保证消防车辆随时处于完好状态，接到火灾报警后，5分钟内到达火场。

（9）做好气体防护工作。

（10）对公司消防隐患提出治理方案和计划。

（11）负责企业重大动火现场、重大气体防护现场、有毒有害有限空间作业的现场监护。

（12）负责企业防火专项检查、技术咨询、技术服务，配合企业共同做好区、市消防检查、验收、审核、年检取证工作。

（13）负责所管辖的消防宣传、教育、培训、复训、学习等专业知识活动的组建、授课、指导服务。

3.2.4 根据《中华人民共和国消防法》的要求，各部门要建立义务消防队，组织建设、业务建设统一由消保科负责。

（1）义务消防队的职责：

①学习宣传消防法规、知识，定期参加消防培训与训练，参加实地消防演练。

②协助本公司落实消防安全制度，经常性地进行防火检查。

③教育义务消防员熟悉本岗位的火灾危险性，明确危险点和控制点，维护本公司消防设施和消防器材，熟练掌握灭火器材点的使用方法。

④扑救初起火灾，协助专职消防队扑救火灾。

（2）义务消防队员的职责：

①认真贯彻执行公司及消保科有关消防安全的文件精神和相关工作安排。

②负责对本部门消防设施和器材的管理，熟练操作和使用本公司所配各类消防设施和器材。

③监督本部门的消防设施、装备、器材不得挪作他用。

④坚持每日消防安全和设施器材检查交接工作。

⑤积极主动地配合公司和消保科做好隐患排查和消费器材装备检查及演练工作，发现问题及时向本部门领导和消保科汇报。

（3）防火工作的基本措施：

①广泛开展消防宣传，普及消防常识。这是发动全员积极地预防火灾，自觉地同损坏消防设施或者违反消防安全管理行为作斗争的一项重要措施。

②深入进行防火检查，切实整改火险隐患。防火检查的方法有平时检查、季节检查、普遍检查、重点检查、自查与互查等，检查的内容要根据不同的单位和季节有所侧重，对检查出的火险隐患要逐个登记，提出整改意见，认真监督整改。

（3）建筑设计防火审核。通过建筑设计防火监督，在建筑设计工作中贯彻各

项消防安全技术规范，可以从根本上防止建筑火灾的发生，防止火灾的扩大。

建筑设计防火监督的基本任务是：监督设计、建筑、施工方执行《建筑设计防火技术规范》，对工程项目的防火设计进行审核，检查消防措施的落实情况，并参加工程竣工验收，监督公共消防设施建设，处罚违章设计、施工、建设项目，保证新建、改建、扩建工程项目达到国家有关标准，消除火险隐患，做到防患于未然。

（4）认真贯彻消防法规和防火规章制度，在防火工作中必须做到有法可依，执法必严，违法必究。根据《中华人民共和国消防法》及其实施细则、《中华人民共和国管理处罚条例》《消防监督程序规定》和国家有关消防法规及地方消防法规的精神，各部门要结合具体情况制定防火公约、安全检查制度、安全操作规程、值班巡逻制度及用火用电管理制度等。

3.3 管理职责

3.3.1 各部门与消保科共同组织实施对本部门灭火器材和消防安全标志的检查、维护保养，确保其完好有效，保障疏散通道和安全出口畅通。

3.3.2 公司内各类固定、半固定和移动式消防实施，包括消防水泵、消防水线、装置和罐区的固定式消防设施和各种小型移动式消防器材，消防自动报警、自动灭火设施属公司固定资产，由各部门使用、维护、保养，消保科负责监督检查。

3.3.3 公司的消防基础设施建设，必须和新建、改建、扩建建设项目配套，做到统一规划，同步发展。新建或改扩建工程项目结束后，由工程项目建设部门负责协调安全、消保科向地方公安消防部门申报消防设施验收手续。各部门配置的消防器材按照属地管理的原则，由各部门自行管理。

3.3.4 公司消防基础设施的管理，必须纳入安全和设备管理工作中，设专人负责，定期维护和更换并建立消防设施台账，消保科定期对消防设施的维护、保养等工作进行监督。

3.3.5 所有人员对本岗位、本装置或罐区的消防设施要做到会使用、会维护、会保养。

3.4 火灾预防

3.4.1 公司应将消防布局、消防水源、消防供水、消防通道、消防装备等内容的消防规划纳入总体规划，落实消防经费，做到专款专用。

3.4.2 生产、储存和装卸易燃易爆物品的装置、罐区、仓库和泵房、装卸站台等应符合防火防爆要求，安放明显的安全标志；防雷防静电设施应定期进行检测。

3.4.3 进行消防设计的建设项目，设计方应当按照国家有关标准规范进行设计，建设方的安全管理部门应会同消防大队或消保管理公司参加审查，并按规定将工程消防设计图纸及有关资料报送公安消防机构审核。未经审核或审核不合格的，建设方不得擅自施工。

3.4.4 工程消防设施应当按照防火设计规范进行施工，不得随意变更，安全科和消保科共同对消防设施的施工实施监督检查并参与竣工验收。

3.4.5 生产、储存、运输、销售或者使用易燃易爆危险品的单位，必须执行国家、公司有关消防安全的规定。

3.4.6 生产储存易燃易爆危险品的场所，严禁携带火种的无关人员、车辆入内；储存、运输易燃易爆危险品的保管员、押运员、装卸员和车辆必须持有国家公安消防部门及安全部门核发的证件。

3.4.7 禁止在有火灾、爆炸危险的场所使用明火，因检修施工的特殊情况需要动火作业时，必须严格执行本公司用火安全管理规定，办理审批手续，作业人员应当遵守安全规定，采用相应的防火安全措施。

3.4.8 任何部门、个人不得损坏或者擅自使用、拆除、停用消防设施、器材，不得埋压、圈占消火栓，不得占用防火间距，不得堵塞消防通道，禁止使用未经验收、不合格的消防产品。

3.4.9 厂区内修建暴露以及停水、停电、截断通信路等有关可能影响消防灭火救援的项目时，必须事先通知本公司安全部门及消保科，经办理有关审批手续后方可进行。未办理有关手续造成损失或事故的，要追究其当事人法律责任。

3.4.10 各车间科室内部办公场所的装修装饰、电器安装、紧急照明、紧急疏散以及消防设施的设置和管理，必须严格执行有关规定和规范。

3.4.11 消防科有权对公司各部门进行消防防火检查，对消防大队查出的火险隐患，要逐项登记，凡是部门能整改的，要定责任人、定措施，限期整改，对难以解决的重大隐患，上报公司的同时必须采取特殊监控措施，保证安全。

3.4.12 建立重大火险隐患立案消案制度，对消保科发出的消防安全检查记录、火险隐患整改通知书，各部门要及时地进行整改，并将结果及时地反馈给消保科。消防安全重点部门要实行每日防火巡查制。

3.5 消防教育培训

3.5.1 各部门要经常性地认真开展消防宣传活动，在制订年度安全工作计划时，应拟订具体的消防培训教育规划和计划。

3.5.2 对新入厂及转岗员工和进入生产区的各类人员进行安全教育时，应有消防安全知识内容。

3.5.3 消防设备操作人员应经过消防专业培训，学习掌握相应的操作技能，经考核合格后方能上岗。

3.5.4 消保科每年要定期对义务消防员进行消防培训。

3.6 消防设施设备的管理

3.6.1 消防泵房的管理。

（1）消防供水泵是消防水的保证中心，必须加强管理，建立健全管理制度。严禁将泵改作他用或在泵周围乱放杂物，泵的管理要纳入设备管理活动中。

（2）水泵要保持完好，做到零部件齐全，机泵运行时不振动、不泄漏，处理能力满足设计要求。管理者平时要严格按照备机泵的管理要求，定期进行盘车和机泵润滑，认真进行维护保养。

（3）建立24小时值班制，做到设专人值班，由专人负责，严格交接班制度，对于出现的故障要立即处理不得过夜，时刻保持战备状态。

（4）消防水泵的操作运行及维护保养由公用车间负责管理，消保科监督检查，并建立检查制度。

3.6.2 装置、罐区内固定消防设施的管理。

公司各部门要加强装置、罐区内固定消防设施的管理，按期进行试验，消防喷淋系统由管理车间每半年试验一次，并负责对阀门、管线和喷头的维护保养；消火栓每季度试验一次，确保处于完好状态。

3.6.3 小型移动式消防器材的管理。

（1）小型移动式消防器材是扑救初起火灾的必备工具，各部门必须加强管理，不得随便挪用。

（2）小型移动式消防器材要按消防设计规范的要求进行配备，设立消防器材棚（箱），并设专人维护保养。

（3）按照各种移动式消防器材的使用要求，按期更换药剂，做好铅封，在器材上表明更换日期，以便进行检查。

3.6.4 消防道路。

（1）厂区的道路均属消防道路。

（2）消防通道上不准堆放任何材料、设备、砖瓦、砂石等障碍物，以保证消防通道畅通无阻。

（3）如因施工需要切断路面放置物件时，必须事先经消保、安全部门批准后方可临时占用；夜间施工需设警示标志，负责搞好便桥式通道，保证××米以上高度，以利于消防车的顺利通行，事后要限期修复。

（4）消保科必须建立每日巡查制度，对本公司内消防道路状况做到了然了胸。

3.7 消防水的使用

3.7.1 消火栓压力出现异常情况时，公用车间工作人员要及时反馈给消保科。

3.7.2 各部门要加强属地管理，除紧急情况外使用消火栓时必须上报消保科，经同意后方可使用；严禁使用时无人看管，发生跑、冒、漏现象，使用后关好消火栓阀门。

3.7.3 临时用水的管线、阀门不能与消火栓或消防水管线直接焊死，必须适用活接头连接，新接管线不允许漏水，并设专人看管。

3.7.4 在正常情况下，消防水管线阀门全部打开，以保证消防水的正常循环，公用车间负责开关，其他任人一律不准乱动。

3.7.5 用水部门听到火警或接到火警通知后应马上停止用水并关闭消火栓，确保火场消防水压力正常。

3.7.6 各部门应教育员工爱护消防器材及其他消防设施。

3.7.7 严禁在消火栓旁堆积材料和其他物品。以免妨碍消防正常用水，如违章按公司有关规定进行处罚。

3.7.8 未经批准，不得在消防管线系统上接用消防水，一经发现，视情节给予经济处罚。

3.7.9 各部门使用消火栓的人员，必须是经过消保科培训的合格义务消防员。

3.7.10 各部门使用消火栓时必须向消保科报告并检查消火栓是否完好，使用完毕后，恢复完好状态。

3.7.11 各部门的负责人应加强对使用消火栓人员的监督检查工作，告知其在操作中应轻开轻关并做好属地消火栓的维护保养。

3.8 消防设施使用

3.8.1 没有火警的情况下，未经消保科的许可，任何人不得挪用消防器材和消防设施（包括移动）。

3.8.2 检修施工方因工程施工需动用灭火器材的，必须经车间、消防安全员同意后方可使用，并要监督其使用后放回原处。

3.8.3 对于进入装置区及危险区域的机动车辆，必须安装阻火器并对其进行检查。

3.9 奖罚（考核 1 分 =×× 元）

3.9.1 各车间有下列情形之一者，对部门或者个人予以考核奖励：

（1）车间每月有消防安全培训并有记录奖励 ×× 分。

（2）员工发现消防安全隐患及时处理并上报相关部门奖励 ×× 分。

（3）车间员工分工保养的器材随时保持完整，卫生干净整洁，设施器材好用奖励 ×× 分。

（4）积极制止举报他人有违反消防安全管理规定的行为奖励 ×× 分。

（5）积极做好消防宣传或报道的，给予奖励 ×× 分。

（6）在灭火救援工作中，表现突出者奖励 ×× 分。

3.9.2 凡生产车间违反下列行为之一者，对部门或个人予以考核扣分：

（1）员工消防知识明白卡内容不清楚者扣 ×× 分。

（2）随便挪动消防设施设备者扣 ×× 分。

（3）灭火器材管理不善者扣 ×× 分。

（4）每月的培训至少有 1 次消防知识教育和消防宣传内容并做好记录，没按要求执行者扣 ×× 分。

（5）消防蒸汽带摆放不整齐、灭火器卫生不清洁的扣 ×× 分。

（6）消防设施周围（×× 米以内）堆放杂物的扣 ×× 分。

（7）无消防设施、器材检查记录，无火灾隐患整改记录的扣 ×× 分。

（8）没有办理占用消防通道手续，但没造成损失的扣 ×× 分。

（9）任意动用消防水线、消火栓、消防井进行试压、洗车、土建施工和作为他用的扣 ×× 分。

（10）未经相关部门领导签批同意挪用生产车间灭火器材，在厂区擅自动火的扣 ×× 分。

（11）油罐固定、半固定接口周围堆积杂物影响使用的扣 ×× 分。

（12）损坏消防设备和消防器材的扣 ×× 分。

（13）机动车辆未带阻火器进入装置区者扣 ×× 分。

（14）禁止在运行的生产装置区、油罐区、气体罐区、装卸油栈桥、污水处理场等易燃易爆区域使用通信工具的扣 ×× 分。

（15）在施工中，故意损坏消防水线、消火栓，埋压消防井，圈占消防设施及灭火器材丢失的扣 ×× 分。

（16）无火情况下擅自放空灭火器药剂者扣 ×× 分。

（17）谎报火警者扣 ×× 分。

（18）未经批准，任意占用消防通道，影响灭火抢险任务的扣 ×× 分。

3.9.3 凡部门违反下列行为之一者，对部门或个人予以考核扣分：

（1）员工消防知识明白卡内容不清楚者扣 ×× 分。

（2）每月的培训至少有一次消防知识教育和消防宣传内容并做好记录，没按要求执行者扣 ×× 分。

（3）随便挪动消防器具者扣 ×× 分。

（4）谎报火警者扣 ×× 分。

（5）损坏消防设备和消防器材的扣 ×× 分。

拟定		审核		审批	

二、消防设施、器材维护管理制度

<table>
<tr><td colspan="2">标准文件</td><td rowspan="2">消防设施、器材维护管理制度</td><td>文件编号</td><td></td></tr>
<tr><td>版次</td><td>A/0</td><td>页次</td><td></td></tr>
<tr><td colspan="5">

1. 目的

为了规范消防设施、器材的维护管理，合理控制消防器材的库存储备和日常消耗，预防和减少火灾危害，确保消防设施、器材的正常有效，根据《中华人民共和国消防法》《建筑消防设施的维护管理》等国家法律和地方法规及公司《消防器材管理办法》《采购物资管理办法》等的要求，结合本公司实际情况，特制定本制度。

2. 适用范围

本制度适用于本公司的消防设施、器材维护管理，包括值班、巡查、检测、维修、保养、建档等工作。

3. 术语与定义

3.1 消防器材：是指正常生产经营活动所需的灭火器、消防水带、接口、消火栓、扳手、分水器、消防水枪、挂钩梯、消防火钩、安全绳、消防斧、空气呼吸器、干沙箱、防毒面具等器材。

3.2 消防设施：是指建筑物、构筑物中设置的火灾自动报警系统、自动灭火系统、防火门、防火卷帘、室内消火栓、室外消火栓、高位水箱、水泵接合器、防烟排烟系统以及应急广播和应急照明、警铃、安全疏散设施、防火分隔设施等。

3.3 消防安全标志：是指与消防有关的文字、图案等。

4. 管理职责

4.1 公司消防器材的专业主管部门是生产安全科，其主要职责是：

4.1.1 负责公司消防器材制度建设，修改完善相关管理细则，按公司消防管理部门编制的消耗定额和储备定额制定分解本单位物资消耗和储备定额管控目标，每月（或不定期）对物资储备定额和消耗定额执行情况进行监督、检查、分析和考核。

4.1.2 负责公司消防器材实物的储备、使用、管理、维护，收集、核实现场消耗、使用性能、存放数量等信息，定时向公司消防管理部门报送相关报表。

4.1.3 负责编制、申报公司消防器材需求计划和应急计划，并跟踪计划执行情况。

4.1.4 负责公司内部消防器材的调配使用、对灭火器到期报废前的回收利用，并协助公司主管部门对使用后的灭火器空瓶回收集中管理。

4.1.5 协助消防主管部门审查与自动消防设施维护保养企业的技术协议，监

</td></tr>
</table>

督检查其维护保养服务过程。

4.1.6 参与供方评价，提出物资使用质量异议；参与消防器材、设施和物资验收及质量异议处理。

4.2 设备管理部负责消防设施的运行、维护管理。

4.2.1 负责及时报请公司设备和消防管理部门委托具备相应资质的维护保养企业，开展自动消防设施维护保养工作。

4.2.2 负责与维护保养企业签订建筑消防设施维护保养合同，明确维护保养的内容、频次和相关责任。并对维护保养企业的服务质量进行监督和管理。

4.3 综合管理部负责消防教育培训工作和保卫安全管理。

4.4 财务部负责按公司消防器材交易结算、消耗核算管理相关规定，参与消耗限额的制定、考核。消防设施维护、维修、更新、检测等消防工程，必须经公司消防管理部门验收合格后，方可按相关规定办理工程结算。

4.5 各作业区负责本作业区消防器材实物的使用、管理、维护，收集、核实现场消耗、使用性能、存放数量等信息，及时更新到期报废和使用后的灭火器空瓶，每月对物资储备定额和消耗定额执行情况进行监督、检查和考核。

5. 管理内容和要求

5.1 消防器材管理流程（见下页）。

5.2 各作业区要落实专人对消防器材和消防设施的使用情况进行值班、巡查、检测；发现异常应当及时地组织修复，并在消防器材和消防设施登记、检查表中记录。

5.3 作业区发现故障没有条件当场解决的，应立即报生产安全科和设备管理科，相关部门或维护部门要在 24 小时内解决；需要由供应商、厂家或维护部门解决的，不影响系统正常工作的应当在 ×× 个工作日内解决，影响系统正常工作的应当在 ×× 个工作日内解决，恢复系统正常工作状态。

5.4 因故障、维修等原因，需要暂时停用系统的，由总经理批准；系统停用时间超过 ×× 小时的，应当向公司安全、消防主管部门报告，并采取有效措施确保安全。

5.5 火灾自动报警、灭火系统。

5.5.1 必须通过公司消防和设备管理部门聘请有资质的维修保养方，定期进行检查、维护和保养火灾自动报警、灭火系统，确保消防设施的性能要求和正常运行。维修保养方的资质由公司消防管理部门审核。

5.5.2 火灾自动报警、灭火系统须按以下要求定期检查：从事建筑消防设施巡查的人员，应通过消防行业特有工种职业技能鉴定，持有初级技能以上等级的职业资格证书。

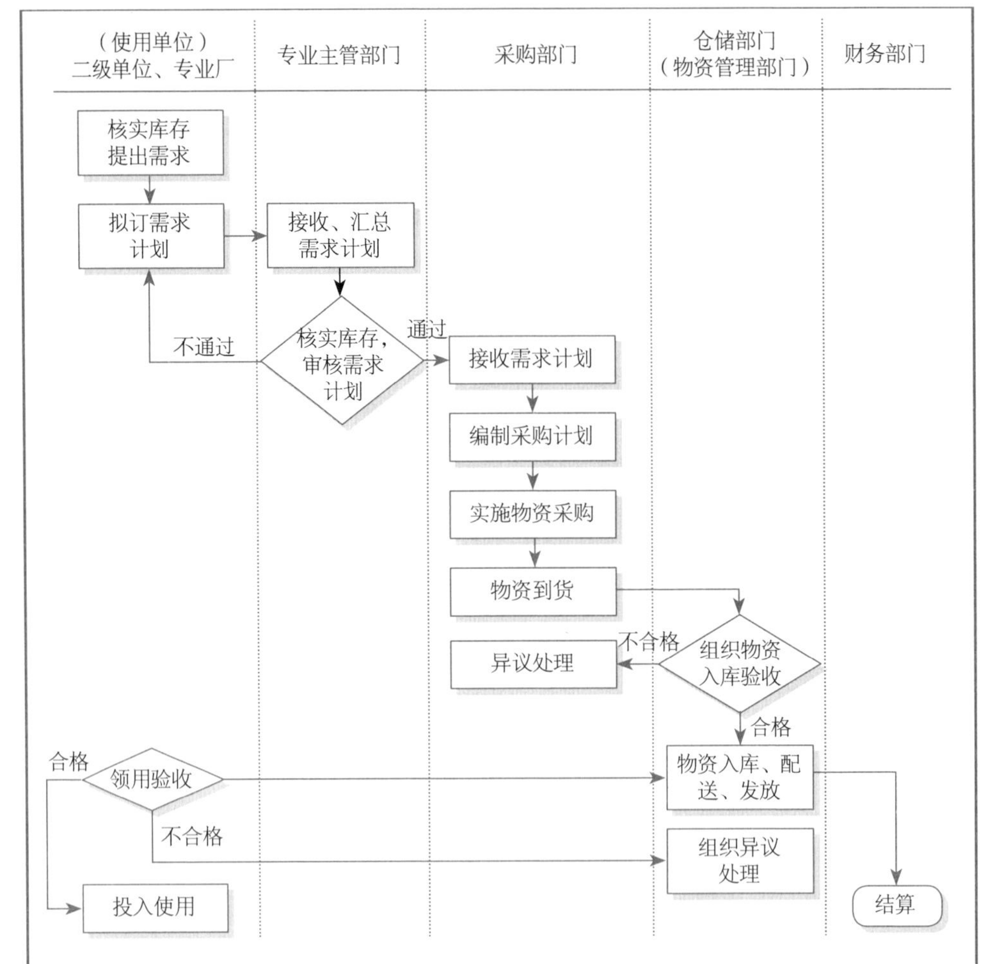

（1）每日巡查：建筑消防设施应当保证每日至少巡查1次，重点防火部位每2小时巡查1次。

（2）每月检查：每月应检查集中报警、灭火控制器和区域报警、灭火控制器的功能是否正常，并填写消防器材和消防设施登记、检查表，报生产安全科备案。

（3）季度联动检查：每季度应对火灾自动报警、灭火系统的重要部件的功能进行试验和检查，并填写消防器材和消防设施登记、检查表，报生产安全科备案。

（4）年度检测调试：每年应对火灾自动报警系统的功能作全面检查试验，并填写消防器材和消防设施登记、检查表，报生产安全科备案。

（5）生产安全科按规定将月、季、年度消防设施维护保养情况申报表以及消防器材和消防设施登记、检查表报公司消防管理部门备案。

5.6 消火栓系统。

5.6.1 消火栓箱应经常保持清洁、干燥，防止锈蚀、碰伤和其他损坏。

5.6.2 消火栓每半年至少进行 1 次全面检查维修。

5.7 消防安全疏散设施。

5.7.1 按照有关规范配备相应数量的消防安全疏散设施（包括疏散通道、安全出口、疏散楼梯、防火门、防火卷帘门、疏散指示、应急照明灯具等），并建档管理。

5.7.2 消防安全疏散设施包括疏散通道、安全出口、疏散楼梯、防火门、防火卷帘门、疏散指示、应急照明灯具等设施。

5.8 灭火器材。

按《公司消防器材管理办法》的规定，每日应对灭火器进行检查，确保其始终处于完好状态。

5.9 消防设施档案管理。

5.9.1 消防设施基本情况，包括消防设施的验收文件和产品、系统使用说明书、消防设施平面布置图、消防设施系统图等原始技术资料。

5.9.2 消防设施动态管理情况，包括消防设施的值班记录、巡查记录、检测记录、故障维修记录以及维护保养计划表、维护保养记录、消防控制室值班人员基本情况档案及培训记录等。

5.9.3 消防设施的原始技术资料应长期保存；消防控制室值班记录和消防设施巡查记录的存档时间不应少于 ×× 年；消防设施维护保养情况申报表、消防设施单项检查记录、消防设施联动检查记录、消防设施故障处理记录的存档时间不应少于 ×× 年。

5.10 维护保养企业应当每月将消防设施维护保养情况申报表、消防设施单项检查记录、消防设施联动检查记录、消防设施故障处理记录报送生产安全科和公司消防主管部门签字确认，每 6 个月应当将消防设施维护保养情况报送生产安全科和公司消防主管部门备案。每年至少进行 1 次全面检测，检测报告报送生产安全科和公司消防主管部门备案。

6. 附则

6.1 各部门违反本制度，情节轻微且未造成后果的，按公司《消防安全工作考评及奖惩制度》和《安全生产奖惩制度》考核。违反本制度，未造成后果的，按公司《消防安全工作考评及奖惩制度》等相关规定处理。违反本制度，且造成严重后果的，移送公安机关消防部门调查处理。

6.2 消防设施维护保养管理单位、维护保养单位履行职责不到位，导致建筑消防设施无法正常使用的，将按照《消防安全工作考评及奖惩制度》的相关规定处理。被公安机关消防机构检查发现的，接受地方政府消防机构的依法处罚。造成后果的将依法追究刑事责任。

拟定		审核		审批	

第三节 消防安全管理表格

一、义务消防组织登记表

义务消防组织登记表

队名			负责部门	
义务队员总数			负责人	
基层义务消防组织情况				
部门	组织形式	组建时间	人数	负责人

二、消防安全重点部位登记表

消防安全重点部位登记表

名称	建筑耐火等级			面积（m^2）		高度（m）		员工人数	
防火责任人		性别		年龄		文化程度		消防培训	
防火部位示意图									
火灾危险性						预防措施			
扑救措施									

三、职工消防安全教育、培训登记表

职工消防安全教育、培训登记表

<table>
<tr><td>单位名称</td><td></td><td>员工总人数</td><td></td></tr>
<tr><td>组织部门</td><td></td><td>组织人</td><td></td></tr>
<tr><td>学习培训日期</td><td></td><td>学习培训时间</td><td></td></tr>
<tr><td>参加人数</td><td></td><td>授课人</td><td></td></tr>
<tr><td>学习培训地点</td><td colspan="3"></td></tr>
<tr><td colspan="4">学习培训内容</td></tr>
<tr><td colspan="4"></td></tr>
<tr><td>教育培训
人员名单</td><td colspan="3"></td></tr>
</table>

四、灭火和应急疏散预案的演练记录

灭火和应急疏散预案的演练记录

<table>
<tr><td>时间</td><td></td><td>地点</td><td></td></tr>
<tr><td>组织部门</td><td></td><td>负责人</td><td></td></tr>
<tr><td>参加人员数</td><td colspan="3"></td></tr>
<tr><td colspan="4">演练情况记录</td></tr>
<tr><td colspan="4"></td></tr>
</table>

五、消防供水系统定期（月度）检查、试验情况登记表

消防供水系统定期（月度）检查、试验情况登记表

部位名称： 检查时间：

消防设施名称：消防供水系统				
序号	检查项目	项数	检查、试验结果	存在问题
1	检测蓄水池、高位水箱水位及消防储备水不被他用			
2	检查气压水罐气压			
3	消防泵启动试运转			
4	检查水源控制阀完好情况			
5	检查室外阀门井中控制阀完好情况			
6	检查消防水泵接合器完好情况			
7	检查室内消火栓及栓箱是否完好，配件是否齐全			
8	检查室外消火栓完好情况			
9				
10				
检查、试验人员（签名）:				

六、火灾自动报警及联动控制系统定期（季度）检查、试验情况登记表

火灾自动报警及联动控制系统定期（季度）检查、试验情况登记表

部位名称： 检查时间：

消防设施名称：火灾自动报警及联动控制系统				
序号	检查项目	项数	检查、试验结果	存在问题
1	感烟火灾探测器			
2	感温火灾探测器			
3	微机报警点显示			
4	手动报警按钮			
5	消防主备供电			
6	报警控制器复位			

续表

序号	检查项目	项数	检查、试验结果	存在问题
7	消防电话			
8	消防警铃			
9	事故广播			
10	强切电源			
11	应急照明			
12	手动防火门			
13	自动防火门			
14	消防电梯回降控制			
15	电梯前室送风			
16	手动启动排烟风机			
17	手动启动防火卷帘			
18	自动启动防火卷帘			
19	水流指示器			
20	末端试水自动启泵			
21	消控中心启泵			
22	联动控制器巡检			
23	联动控制器复位			
检查、试验人员（签名）：				

七、消防自动喷水系统定期（月度）检查、试验情况登记表

消防自动喷水系统定期（月度）检查、试验情况登记表

部位名称：　　　　　　　　　　　　　　检查时间：

消防设施名称：消防自动喷水系统				
序号	检查项目	项数	检查、试验结果	存在问题
1	雨淋系统湿式报警阀			
2	水喷雾灭火系统湿式报警阀			
3	水幕系统湿式报警阀			
4	预作用自动喷水灭火系统控制屏			
5	预作用自动喷水灭火系统湿式报警阀			
6	预作用自动喷水灭火系统空压机			

续表

序号	检查项目	项数	检查、试验结果	存在问题
7	消防喷淋泵			
8	稳压设备			
9	电源控制柜			
10	末端试水自动启泵			
11	水流指示器			
12	喷淋水泵接合器			
13	电磁阀			
14	压力表			
15	水源控制阀开启状况及完好情况			
16	室外阀门井中控制阀开启状况及完好情况			
17	喷头			
检查、试验人员（签名）：				

八、气体灭火系统定期（月度）检查、试验情况登记表

气体灭火系统定期（月度）检查、试验情况登记表

部位名称：　　　　　　　　　　　　　　　　　　检查时间：

消防设施名称：气体灭火系统				
序号	检查项目	项数	检查、试验结果	存在问题
检查、试验人员（签名）：			核准人（签名）：	

九、消防水最不利点水压试验及放水记录

消防水最不利点水压试验及放水记录

编号	保护区域	泵出口水压（Mpa）	试验点水压（Mpa）	试验时间	放水时间	试验人

十、消防泵轮换实验登记表

消防泵轮换实验登记表

日期	时间	内容	实验人	实验情况

十一、防火巡查情况记录表

防火巡查情况记录表

巡查时间：_____年___月___日___时___分至_____年___月___日___时___分	
巡查部位	巡查内容及处理情况

十二、消防奖惩情况记录

消防奖惩情况记录

时间	事项	奖惩内容	被奖惩部门或人

十三、消防设施、器材情况登记表

消防设施、器材情况登记表

名称	保护区域	产家	数量	安装使用时间

十四、消防器材申购审批单

消防器材申购审批单

申报时间：______年____月____日

申请部门			
费用项目			
用途			
费用预计总额		实际费用总额	
申请部门 负责人签字		费用主管 部门签字	

经办人：　　　　　　　　　　　　联系电话：

十五、消防设施维护保养情况申报表

消防设施维护保养情况申报表

申报部门：　　　　　　　　　　　　　　　　　　　　申报时间：

维护保养项目		维护保养情况					
		数量	维护保养周期及上一次维护保养时间	正常	故障记录及处理		
					故障描述	当场处理情况	报修情况
消防供电配电	消防配电柜（箱）						
	自备发电机组						
	应急电源						
	储油设施						
	联动试验						
火灾自动报警系统	火灾探测器						
	手动火灾报警按钮						
	监管装置						
	警报装置						
	报警控制器						
	消防联动控制器						
	远程监控系统						
消防供水设施	消防水池						
	消防水箱						
	稳（增）压泵及气压水罐						
	消防水泵及控制柜						
	水泵接合器						
	阀门						
消火栓（消防炮）灭火系统	室内消火栓						
	消防水喉						
	室外消火栓						
	消防炮						
	启泵按钮						
	联动控制功能						

续表

<table>
<tr><th colspan="2" rowspan="3">维护保养项目</th><th colspan="6">维护保养情况</th></tr>
<tr><th rowspan="2">数量</th><th rowspan="2">维护保养周期及上一次维护保养时间</th><th rowspan="2">正常</th><th colspan="3">故障记录及处理</th></tr>
<tr><th>故障描述</th><th>当场处理情况</th><th>报修情况</th></tr>
<tr><td rowspan="6">自动喷水灭火系统</td><td>喷头</td><td></td><td></td><td></td><td></td><td></td><td></td></tr>
<tr><td>报警阀组</td><td></td><td></td><td></td><td></td><td></td><td></td></tr>
<tr><td>末端试水装置</td><td></td><td></td><td></td><td></td><td></td><td></td></tr>
<tr><td>水流指示器</td><td></td><td></td><td></td><td></td><td></td><td></td></tr>
<tr><td>探测、控制装置</td><td></td><td></td><td></td><td></td><td></td><td></td></tr>
<tr><td>联动控制功能</td><td></td><td></td><td></td><td></td><td></td><td></td></tr>
<tr><td rowspan="5">泡沫灭火系统</td><td>泡沫液储罐</td><td></td><td></td><td></td><td></td><td></td><td></td></tr>
<tr><td>泡沫栓、泡沫喷头、泡沫产生器</td><td></td><td></td><td></td><td></td><td></td><td></td></tr>
<tr><td>泡沫泵</td><td></td><td></td><td></td><td></td><td></td><td></td></tr>
<tr><td>联动控制功能</td><td></td><td></td><td></td><td></td><td></td><td></td></tr>
<tr><td>自吸液泡沫产生装置、喷淋冷却系统</td><td></td><td></td><td></td><td></td><td></td><td></td></tr>
<tr><td rowspan="7">气体灭火系统</td><td>瓶组与储罐</td><td></td><td></td><td></td><td></td><td></td><td></td></tr>
<tr><td>检漏装置</td><td></td><td></td><td></td><td></td><td></td><td></td></tr>
<tr><td>紧急启停功能</td><td></td><td></td><td></td><td></td><td></td><td></td></tr>
<tr><td>启动装置、选择阀</td><td></td><td></td><td></td><td></td><td></td><td></td></tr>
<tr><td>联动控制功能</td><td></td><td></td><td></td><td></td><td></td><td></td></tr>
<tr><td>通风换气设备</td><td></td><td></td><td></td><td></td><td></td><td></td></tr>
<tr><td>备用瓶</td><td></td><td></td><td></td><td></td><td></td><td></td></tr>
<tr><td rowspan="4">机械加压送风系统</td><td>送风口</td><td></td><td></td><td></td><td></td><td></td><td></td></tr>
<tr><td>送风机</td><td></td><td></td><td></td><td></td><td></td><td></td></tr>
<tr><td>送风量、风速、风压</td><td></td><td></td><td></td><td></td><td></td><td></td></tr>
<tr><td>联动控制功能</td><td></td><td></td><td></td><td></td><td></td><td></td></tr>
<tr><td rowspan="5">自然（机械）排烟系统</td><td>自然排烟设施</td><td></td><td></td><td></td><td></td><td></td><td></td></tr>
<tr><td>排烟阀、电动排烟阀、电动挡烟垂壁、排烟防火阀</td><td></td><td></td><td></td><td></td><td></td><td></td></tr>
<tr><td>排烟风机</td><td></td><td></td><td></td><td></td><td></td><td></td></tr>
<tr><td>排烟风量、风速</td><td></td><td></td><td></td><td></td><td></td><td></td></tr>
<tr><td>联动控制功能</td><td></td><td></td><td></td><td></td><td></td><td></td></tr>
</table>

续表

<table>
<tr><td colspan="2" rowspan="3">维护保养项目</td><td colspan="7">维护保养情况</td></tr>
<tr><td rowspan="2">数量</td><td rowspan="2">维护保养周期及上一次维护保养时间</td><td rowspan="2">正常</td><td colspan="3">故障记录及处理</td></tr>
<tr><td>故障描述</td><td>当场处理情况</td><td>报修情况</td></tr>
<tr><td rowspan="2">消防应急照明系统</td><td>火灾应急照明</td><td></td><td></td><td></td><td></td><td></td><td></td></tr>
<tr><td>疏散指示标志</td><td></td><td></td><td></td><td></td><td></td><td></td></tr>
<tr><td rowspan="3">火灾应急广播系统</td><td>扬声器</td><td></td><td></td><td></td><td></td><td></td><td></td></tr>
<tr><td>功放、卡座、分配盘</td><td></td><td></td><td></td><td></td><td></td><td></td></tr>
<tr><td>联动控制功能</td><td></td><td></td><td></td><td></td><td></td><td></td></tr>
<tr><td colspan="2">消防专用电话</td><td></td><td></td><td></td><td></td><td></td><td></td></tr>
<tr><td rowspan="5">防火分隔</td><td>防火门</td><td></td><td></td><td></td><td></td><td></td><td></td></tr>
<tr><td>防火窗</td><td></td><td></td><td></td><td></td><td></td><td></td></tr>
<tr><td>防火卷帘</td><td></td><td></td><td></td><td></td><td></td><td></td></tr>
<tr><td>防火玻璃（钢化玻璃）加窗喷</td><td></td><td></td><td></td><td></td><td></td><td></td></tr>
<tr><td>电动防火阀</td><td></td><td></td><td></td><td></td><td></td><td></td></tr>
<tr><td colspan="2">消防电梯</td><td></td><td></td><td></td><td></td><td></td><td></td></tr>
<tr><td colspan="2">细水雾灭火系统</td><td></td><td></td><td></td><td></td><td></td><td></td></tr>
<tr><td colspan="2">干粉灭火系统</td><td></td><td></td><td></td><td></td><td></td><td></td></tr>
<tr><td colspan="2">灭火器</td><td></td><td></td><td></td><td></td><td></td><td></td></tr>
<tr><td colspan="2">其他设施</td><td></td><td></td><td></td><td></td><td></td><td></td></tr>
<tr><td colspan="5">维护保养人员（签名）：
维护保养人员资格证书编号：
______年____月____日</td><td></td><td></td><td></td></tr>
</table>

十六、消防器材申报配置明细表

消防器材申报配置明细表

部门：　　　　　　　　　　　　　　　　　　　　制表时间：______年____月____日

配置部位	规格型号	应配置数量	实际配置数量	申报数量	重新申报配置原因

续表

配置部位	规格型号	应配置数量	实际配置数量	申报数量	重新申报配置原因
合计					

申报单位审核：　　　　　　　　　　辖区消防中队审核：　　　　　　　　　　制表：

十七、消防器材和消防设施登记、检查表

消防器材和消防设施登记、检查表

使用部门：　　　　　　　　　　保管部门：　　　　　　　　　　保存期限：

名称	数量	存放地点	维护人员	检查人员	检查时间	校验维护情况	领用更换记录

第七章

安全事故的预防

第一节 安全事故预防要点

一、做好安全评价

安全评价是以实现安全为目的，应用安全系统工程原理和方法，辨识与分析生产管理活动中的危险、有害因素，预测发生事故或造成职业危害的可能性及其严重程度，提出科学、合理、可行的安全对策措施，做出评价结论的活动。

1. 安全评价的类型

（1）根据《安全评价通则》将安全评价分为如下几种：

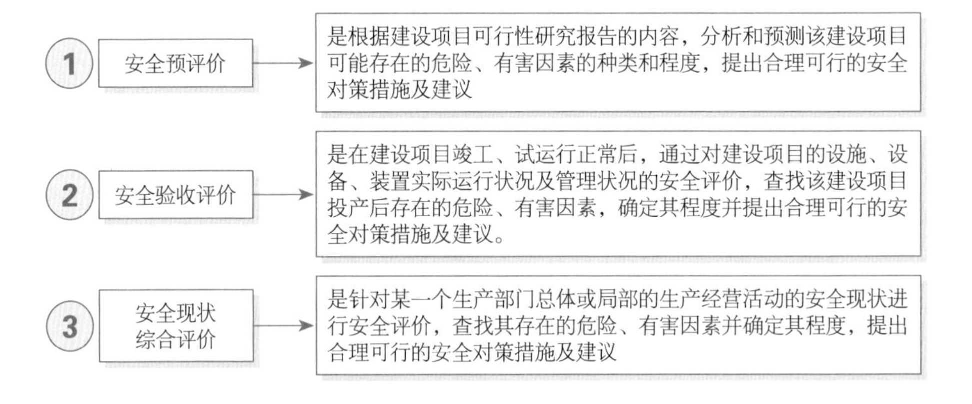

（2）按评价阶段性又可分为事先评价、过程评价、事后评价和跟踪评价。

（3）按评价的实施方法又可分为定性评价、定量评价和综合评价。

2. 安全评价的一般程序

安全评价必须按科学的方法和程序进行，其评价流程如下图所示：

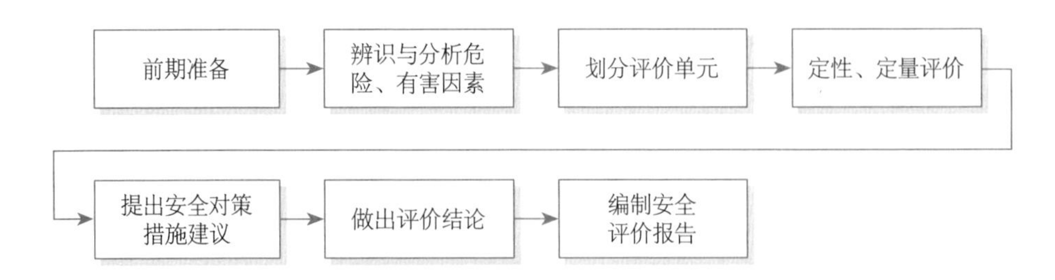

安全评价主要包括以下几个步骤：

（1）资料收集准备。明确被评价对象，准备有关安全评价所需的设备、工具，收集相关法律法规、标准、规章、规范等资料。

（2）危险、有害因素辨识与分析。根据评价对象的具体情况，辨识和分析危险、有害因素，确定其存在的部位、方式，以及发生作用的途径及其变化的规律。

（3）划分评价单元并进行评价。评价单元划分应科学、合理，便于实施评价，相对独立，具有明显的特征界限。

（4）提出安全对策措施。

依据评价结果，遵循针对性、技术可行性、经济合理性的原则，提出消除或减弱危险、危害的技术和管理对策措施建议。

对策措施建议应当具体详实、具有可操作性。

3. 安全评价结论

管理者在对评价结果分析归纳和整合的基础上，做出安全评价结论，并编制安全评价报告。

二、实行安全工作确认制

没有确认容易导致疏忽和操作失误，进行确认能有效减少一些危险的发生。

1. 确认制的应用范围

凡是可能发生误操作，而误操作又可能造成严重后果的，都应制定确认制。例如，开动、关停机器和固定设备驾驶车辆，开动起重运输设备，危险作业、多人作业中的指挥联络，送变电作业，检修后的开机，重要防护用品（防毒面具、安全带等）的使用以及曾经发生过错误操作事故的作业等。

2. 确认的内容

（1）作业准备的确认。

操作人员在接班后应进行设备、环境状况的确认。例如，设备的操纵、显示装置、安全装置等是否正常可靠；设备的润滑情况是否良好；原材料、辅助材料的性状是否符合要求，工作器具摆放是否到位；作业场所是否清洁、整齐；材料、物品的摆放是否妥当；作业通道是否顺畅等。一切确认正常，或确认可能有危险而采取有效的预防措施后，才允许开始操作。

作业准备的确认可以和作业前的安全检查结合起来，采用安全检查表进行。

（2）作业方法的确认。

作业方法的确认是指按照标准化的作业规程，对作业方法进行确认，确认无误后才允许启动设备。

（3）设备运行的确认。

设备启动后，应对设备的运行情况是否正常进行确认。例如，运转是否平稳，有无异常的振动、噪声或其他任何预示危险的征兆，各种运行参数的显示是否正常等。设备运行确认也可以与作业中的安全检查结合，采用安全检查表进行。

（4）关闭设备的确认。

与开启设备的情况相同，应按照标准化作业规程关闭设备的作业方法确认后才允许关闭设备。

（5）多人作业的确认。

如果是多人协同作业，则在开始作业前，应按照预定的安排对参加作业的操作人员及作业位置、作业方法、指挥联络形式以及在作业中出现异常情况时的对策等进行确认，确认无误后方可开始作业。

3. 确认的方法

（1）手指呼唤。

手指呼唤是指用手指着作业对象操作部位，用简练的语言口述或呼喊，明确操作要领，然后再进行操作。这可以简述为："一看、二指、三念、四核实、五操作。"例如，在巡视检查锅炉的工作状况时可以用手指着锅炉的仪表，眼睛看着显示的数字，并且呼喊："×炉号，压力××，温度××，正常！"

进行手指呼唤，实质上也是对操作方法进行一次预演和检验。如果头脑不清醒，精神不集中，手指呼唤时必然会发生错误，这就必须重复进行，直到确认无误为止。

（2）模拟操作。

对于复杂重要的工作，在采用手指呼唤的同时还应实行模拟操作，经过模拟操作，确认无误后方可正式进行操作，模拟操作最好实行操作票制度，即把正确的操作步骤、方法写在操作票上，逐项核对、确认，然后进行操作。必要时，应该由两个人同时进行确认，即一人监护，一人操作。由第一人呼唤，第二人复述并模拟进行操作，第一人认可后，命令执行，第二人再进行操作。

（3）无声确认。

无声确认是指默忆和简单模仿正确的作业方法。例如，我们常说的交通规则中的"一停、二看、三通过"即属此类。这种确认方法不能有效地调动起操作人员的积极性，只能用于简单的作业。

（4）呼唤应答。

对于互相配合的作业可以采取呼唤应答确认，即一方呼唤，另一方应答，第一方确认应答正确了，命令执行，再进行操作，在呼唤应答的同时，还应辅以适当的手势和动作。

三、加强危险信息沟通

操作人员在现场作业时，可能会产生伤害自己及他人或损坏财物的危险信息，如果沟通不良，将会导致安全事故的发生。

1. 危险信息与事故的发生

当危险信息未能及时让操作人员捕捉到时，很容易发生事故。一般来说，主要有以下几种情况：

（1）危险信息存在，但由于操作人员本身的限制及外界因素的干扰，操作人员未能及时发现，并且未采取有效的处理措施，很容易发生事故。

（2）危险信息存在，但是没有进行适当的沟通或设置危险标记，操作人员凭自身条件又不能发现其危险性时，极易发生事故。

（3）危险是存在的，但并没有以一种信息的形式，如指示灯、手势等表现出来，相反却是以一种正常的信息出现在操作人员面前，这也极易导致事故的发生。

（4）危险并不存在，但由于外界的干扰，如仪表的错误显示、人员的骚扰等，极有可能给当事人以存在危险信息的感觉，此时，如果当事人采取回避反应，极易发生事故。

（5）危险不存在，也给操作人员一种无危险的信息显示时，也有可能因为当事人的麻痹大意而发生事故。这就是“风险平衡理论”指出的,往往越安全的地方越危险。

为了预防各种事故的发生，操作人员做好危险信息沟通是十分必要的。但是，在有良好的危险信息沟通的前提下，作为操作人员在生产过程中还应谨防侥幸、麻痹大意，增强自我保护意识和能力，才能有效地防止事故的发生。

2. 信息沟通的障碍与解决

（1）文化方面的障碍及其解决办法。

文化方面的障碍指的是来自文化经验等方面的诸多因素所造成的沟通障碍。文化方面的障碍主要有表达不清、错误的解释、缺乏注意、同化、教育程度差异、对发现者的不信任、无沟通现象等。

① 表达不清。在发送信息时，信息含糊不清是十分常见的现象。如：错误地选择词语、空话连篇、无意疏漏、观念混乱、缺乏连贯性、句子结构错误、难懂的术语等，都有可能造成信息表达不清。

因此，要把信息表达清楚，首先要加强文化素质方面的修养，加强言语训练；其次要限定内容，要言简意赅地表达信息中的要素点。

② 缺乏注意。操作人员平时对一些信息缺乏注意，不注意阅读布告、通知、报告、会议记录等情况也经常出现。

为解决员工缺乏注意问题，管理者除了提高自己的沟通能力之外，更重要的是加强沟通的责任感，使企业的每一员工都认识到信息沟通的重要性。

③ 教育程度差异。一个企业内员工受教育程度有很大差异，这也会造成沟通的障碍。企业组织中靠信息沟通、协调和组织全体员工的力量来达到组织的目标，如果员工教育程度较低，则管理者难以与其沟通信息，步调难以保持一致，就会影响企业组织的工作效率。

因此，在选拔员工时对教育程度应该有一定的要求，或对在职员工进行多种形式的教育，鼓励他们自学文化知识等来提高教育程度。

④ 错误的解释。由于信息接受者的文化、经验、思维方式等的不同，使得信息编码失去了原来的含义。从认知心理角度讲，每个人头脑中都有着一些认知结构，这些认知结构称为“图式”，表示对一个特定概念或一种类型刺激的有组织的知识。一种图式既包含着一个概念的特征，又包含着特征之间的关系。认知心理学认为，图式指导着对新信息的知觉、对旧信息的提取和回忆以及在这两者基础上进行的推理。所以，新进入的信息会受到已有图式的影响，往往会改变原来的含义以适应已有的图式。

因此，把信息逐字逐句地传达往往是不够的。管理者有时应该根据操作人员的个人情况及其所工作的环境，伴随以必要的解释，使下属充分理解信息，这样才有助于沟通的效果。

⑤ 同化。把传递来的信息按照操作人员的信念、习惯、猜测、兴趣以及爱好使之适合于自己，称为同化。例如，对信息省略细节，使其简单化，使内容成为自己熟悉的内容；添枝加叶，加上自己的看法、观念；按自己的兴趣使信息轻重颠倒；把信息合理化，成为自己满意的处理方式等。为解决这类障碍，就要求管理者按信息的客观情况行事。

⑥ 无沟通现象。无沟通是指管理者没有传递必需的信息。其原因有多种，或因为工作忙而延误了沟通；或以为每个人都清楚了信息的内容，不愿再进行沟通；或因为懒惰没有去做沟通。无沟通现象也属沟通障碍的一种。解决这方面的障碍首先是解决管理者对信息沟通意义的认识问题。

⑦ 对管理者的不信任。无论从什么角度讲，对管理人员的不信任都必然会削弱信息沟通的效率。要解决对管理者的不信任情况，管理者培养自己的思维决定能力、规划能力、洞察能力和判断能力非常重要。

（2）组织结构方面的障碍及其解决办法

① 地位障碍。地位障碍来源于组织的角色、职务、年龄、待遇、资历等因素。由于企业是一个多层次的结构，因此，作业人员会经常与班组长、同事或者车间主任进行沟通，但不一定经常与厂长、经理进行沟通。这就是属于因地位原因，不能经常接触而造成的沟通障碍。

为了减少由地位引起的沟通障碍，企业高层领导和管理者应经常到生产一线去了解下情，与员工促膝谈心或到现场去办公等，这些都是有效的措施。

② 物理距离的障碍。在企业的生产工作中，管理者与操作人员之间，操作人员与操作人员之间，存在着空间距离的远近，造成了物理距离对信息沟通的障碍，使得他们接触和交往机会减少，即使有机会接触和交往，时间也十分短暂，不足以进行有效的沟通。

为了解决由物理距离较远而产生的沟通障碍问题，管理者应鼓励非正式群体的产生和发展，诸如成立各种俱乐部、兴趣小组、各种形式的协会，通过非正式群体的有益活动，缩短成员之间的物理距离，增加面对面接触和交往的机会，促进成员之间的信息沟通。

③ 个性方面的障碍。员工的个性因素也能成为信息沟通的障碍。由于人与人之间的性格差异较大，每个人都有自己的个性特征，这些个性特征的差异会造成人际沟通的障碍。例如，以自我为中心、自尊心很强的人，往往不大会主动与他人进行沟通，而有这种个性特征的管理者，听取下级人员的报告时，也常常会感到不耐烦。

由于每个人的学习能力、认识能力不同，即使对同一种信息，各人的理解也不一样。因此管理者在进行信息沟通时要因人而异，先认清员工的能力、需要、动机、习惯等，使信息与该员工的个性特点相配合，做到有针对性地工作，使该员工最大限度地接受信息。

四、习惯性违章预防

习惯性违章，是指操作人员那些固守旧有的不良作业传统和工作习惯，违反安全操作规程的行为，它是诱发安全生产事故的重要原因。

1. 习惯性违章的表现形式

（1）习惯性违章操作。习惯性违章操作是指操作人员在操作中沿袭不良的传统习惯做法，没有严格执行安全作业规程，违反安全规程规定的操作程序的行为。

（2）习惯性违章作业。习惯性违章作业是指操作人员违反安全规程，按照不良的传统习惯，随意地进行生产作业活动。

（3）习惯性违章指挥。习惯性违章指挥是指管理者在指挥作业过程中，违反安全规程的要求，按不良的传统习惯进行指挥的行为。

2. 习惯性违章的防范措施

（1）要杜绝习惯性违章就必须坚持“安全工作、以人为本”的思想，在企业中形成安全生产，严惩违章的良好生产氛围，企业对员工要进行充分的安全教育，使员工认识到安全生产的重要性以及发生安全事故会带来什么样的巨大危害。

（2）企业应大力开展对员工的从业安全教育，加强《安全生产法》《电业安全工作规程》及现场规程的学习培训。结合岗位实际，企业应经常性地开展反事故演习、进行安全测试，了解掌握规章制度，把自觉执行规章制度变成全体员工的自觉行为，开展标准化作业、规范化操作，养成遵章作业的习惯，大大地减少随意作业的机会和条件，这是防止违章的根本保证。

（3）落实安全工作规章制度，使员工懂得安全管理规章制度是血的教训换来的宝贵经验，让员工按规章制度作业和操作就是珍惜生命。对安全教育不起作用的人，作为管理者就要从严惩处。严惩也是教育，但不能代替教育，要通过严惩达到教育一人，启发多人的目的。

（4）开展创建企业无违章活动，班组是基础，班长是关键。班组是执行制度的主体，所有的安全生产工作都要靠班组去落实。班长的作用举足轻重，班组安全工作的好坏，关键在班长，如果能做到班组无违章，企业就会无违章。

（5）发挥三级安全网的作用，坚持警钟长鸣，加强检修作业、运行操作及生产现场的控制和安全检查，制定切实可行的违章处罚办法。员工应坚决遵章作业，各级领导发现违章要及时地制止和处罚，把事故隐患提前消灭在萌芽状态。只有企业各级领导重视，员工尽职，人人事事保安全，违章行为才会被有效遏制，企业无违章的目标才能实现。

第二节　安全事故预防管理制度

一、安全生产风险评价管理制度

标准文件		安全生产风险评价管理制度	文件编号	
版次	A/0		页次	

1. 目的

为实现公司的安全生产，识别生产中的所有常规和非常规活动存在的危害，以及所有生产现场使用设备设施和作业环境中存在的危害，采用科学合理的评价方法进行评价，加强管理和个体防护等措施，遏止事故，避免人身伤害、死亡、职业病、财产损失和工作环境破坏，实现管理关口前移、重心下移，做到事前预防，达到消除减少危害、控制预防的目的，现结合公司实际，特制定本制度。

2. 适用范围

适用于公司安全生产中的风险识别与评价。

3. 管理规定

3.1 评价范围

3.1.1 项目规划、设计和建设、投产、运行等阶段。

3.1.2 常规和非常规活动。

3.1.3 事故及潜在的紧急情况。

3.1.4 所有进入作业场所的人员活动。

3.1.5 原材料、产品的运输和使用过程。

3.1.6 作业场所的设施、设备、车辆、安全防护用品。

3.1.7 企业周围环境。

3.1.8 丢弃、废弃、拆除与处置。

3.1.9 气候、地震及其他自然灾害等。

3.2 评价方法

3.2.1 工作危害分析法：从作业活动清单中选定一项作业活动，将作业活动分解为若干个相连的工作步骤，识别每个工作步骤的潜在危害因素，然后通过风险评价，判定风险等级，制订控制措施。该方法是针对作业活动而进行的评价。

3.2.2 安全检查表分析法：安全检查表分析法是一种经验的分析方法，是分析人员针对分析的对象列出一些项目，识别与一般工艺设备和操作有关已知类型的危害、设计缺陷以及事故隐患，查出各层次的不安全因素，然后确定检查项目，再以提问的方式把检查项目按系统的组成顺序编制成表，以便进行检查或评审。该方法可用于对物质、设备、工艺、作业场所或操作规程的分析。

3.3 评价时机

常规活动每年一次（10 月份），非常规活动开始之前。

3.4 评价准则

采用“风险度 R= 可能性 L× 后果严重性 S”的评价法，具体评价准则规定为：

事故发生的可能性 L 判断准则

等级	标准
5	在现场没有采取防范、监测、保护、控制措施，或危害的发生不能被发现（没有监测系统），或在正常情况下经常发生此类事故或事件
4	危害的发生不容易被发现，现场没有检测系统，也未进行过任何监测，或在现场有控制措施，但未有效地执行或控制措施不当，或危害常发生或在预期情况下发生

续表

等级	标准
3	没有保护措施（如没有保护装置、个人防护用品等），或未严格按操作程序执行，或危害的发生容易被发现（现场有监测系统），或曾经做过监测，或过去曾经发生类似事故或事件，或在异常情况下发生类似事故或事件
2	危害一旦发生能及时地发现，并定期进行监测，或现场有防范控制措施，并能有效地执行，或过去偶尔发生事故或事件
1	有充分、有效的防范、控制、监测、保护措施，或员工安全卫生意识相当高，严格执行操作规程，极不可能发生事故或事件

事件后果严重性 S 判别准则

等级	法律、法规及其他要求	人员	财产损失（万元）	停工	公司形象
5	违反法律、法规和标准	死亡	>20	几个部门或整个公司停工停产	省内重要影响
4	潜在违反法规和标准	丧失劳动能力	>10	一个公司或公司内2个以上装置停工	行业内及市区范围内有影响
3	不符合公司或行业的安全方针、制度、规定等	截肢、骨折、听力丧失、慢性病	>0.5	公司下属车间一套装置或设备停工	公司周边区域
2	不符合公司的安全操作规程、标准	轻微受伤、间歇不舒服	<0.5	受影响不大，几乎不停工	公司范围内
1	完全符合	无伤亡	无损失	没有停工	形象没有受损

风险等级 R 判定准则及控制措施

风险度	等级	应采取的行动 / 控制措施	实施期限
20 ~ 25	巨大风险	在采取措施降低危害前，不能继续作业，对改进措施进行评估	立刻整改
15 ~ 19	重大风险	采取紧急措施降低风险，建立运行控制程序，定期检查、测量及评估	在规定期限内整改
9 ~ 14	中等	可考虑建立目标和操作规程，加强培训及沟通	年度大修时治理
4 ~ 8	可接受	可考虑建立操作规程、制作作业指导书但需定期检查	有条件、有经费时治理
＜ 4	轻微或可忽略的风险	无需采用控制措施，但需保存记录	

3.5 评价组织

3.5.1 公司成立的风险评价领导小组。

3.5.2 公司的各级管理人员应参与风险评价工作，员工要积极参与风险评价和风险控制工作。

3.6 其他要求

3.6.1 根据评价结果，确定重大风险，并制订落实风险控制措施。

3.6.2 评价出的重大隐患项目，应建立档案和整改计划。

3.6.3 风险评价的结果由各部门组织员工学习，使其掌握岗位和作业中存在的风险和控制措施。

3.6.4 按照实际情况不断地完善风险评价的内容。

拟定		审核		审批	

二、生产安全风险警示和预防应急公告制度

标准文件		生产安全风险警示和预防应急公告制度	文件编号	
版次	A/0		页次	

1. 目的

为进一步规范公司安全管理工作，全面体现预防为主的思想，实现对风险的超前预控以预防事故的发生，特制定本制度。

2. 适用范围

适用于本公司生产安全风险警示和预防应急公告。

3. 管理规定

3.1 风险预控管理

3.1.1 公司应建立并保持安全风险预控管理程序，以全面辨识公司生产系统和作业活动中的各种危险源。明确危险源可能产生的风险及其后果，并对危险源进行分级、分类、监测、预警，控制预防事故的发生。

3.1.2 危险源辨识、风险评估。

公司应组织员工对危险源进行全面、系统的辨识和风险评估，并确保：

（1）危险源辨识前要进行相关知识的培训。

（2）辨识范围覆盖本部门的所有活动及区域。

（3）对所有工作任务建立清册并逐一进行危险源辨识和风险评估，并对危险源辨识和风险评估资料进行统计、分析、整理、归档。危险源辨识、风险评估应采用适宜的方法和程序，且与现场实际相符；对辨识出的危险源进行分级分类；

危险源辨识时要考虑正常、异常和紧急三种状态及过去、现在和将来三种时态。

（4）工作程序或标准改变、生产工艺发生变化以及工作区域的设备和设施有重大改变时，能及时地进行危险源辨识和风险评估。

（5）发生事故、出现重大不符合项时，能及时地进行危险源辨识和风险评估。

3.1.3 风险管理对象提炼、管理标准和管理措施的制订。

在对危险源进行辨识、分析的基础上应提炼出相应的风险管理对象，并符合下列要求：

（1）风险管理对象的提炼要具体、明确，一般应按照人、机、环、管四种风险类型来确定。

（2）针对风险管理对象公司应制订相应的管理标准和措施并形成程序。

（3）管理标准和措施的制订，应遵从全面性原则、可操作性原则和全过程原则。

（4）管理标准和措施的制订应符合相关法律法规、技术标准和管理制度的要求。

（5）公司应组织相关专业人员定期或不定期地对管理标准和措施进行修订和完善。

3.1.4 危险源监测。

公司应采取措施对危险源进行监测，以确定其处于受控状态，并确保：

（1）危险源监测方法适宜并在风险管理程序中予以明确。

（2）危险源监测设备灵敏、可靠。

（3）危险源监测信息传递畅通、及时并能及时地录入管理系统。

3.1.5 风险预警。

公司应采取措施对危险源产生的风险进行预警，使管理者和员工能够及时地获取并采取措施加以控制。风险预警应：

（1）针对不同级别、类别的危险源和不同程度的风险，制定相应的预警方法。

（2）建立完备的信息流通渠道，使预警信息传递畅通、及时。

3.1.6 风险控制。

公司应建立程序以确保风险管理标准、风险管理措施及相关法律、法规、制度的贯彻与执行，以实现对风险的控制，并符合：

（1）对危险源及其风险的控制遵循预防、减弱、隔离、联锁、警示的原则。

（2）危险源辨识、风险评估、风险管理标准与措施制订及隐患消除、控制效果评价等环节符合标准的运行模式。

（3）管理者制订年度生产作业计划时应以上年度风险评估报告为依据，充分考虑本年度计划实施时的潜在风险。

（4）根据危险源辨识、风险评估结果和相关规定，编制《作业规程》《操作规程》《安全技术措施计划》《应急预案》及其他专项安全技术措施。

（5）员工在执行重大以上风险任务时，必须编制专门的安全措施，并明确安全工作程序。

3.1.7 信息与沟通。

公司应建立并保持沟通程序，以确保管理者与员工能够及时地获取风险预控管理信息，并可相互沟通和告知。公司应确保：

（1）员工参与风险预控管理方针和程序的制订、评审。

（2）员工参与危险源辨识、风险评估及管理标准、管理措施的制订。

（3）员工了解谁是现场或当班急救人员。

（4）组织员工进行班前、作业前风险评估并留有记录。

3.1.8 风险财政管理。

公司应实施风险财政管理，以转移风险、降低风险成本、强化员工风险管理意识，并应：

（1）建立《事故费用评估报告》及年度《风险财政评估报告》，《风险财政评估报告》应包含保险理赔相关分析。

（2）对公司年度事故损失进行分类统计，分析记录齐全。

（3）按照国家规定对员工进行投保。

（4）有投保险种的记录和理赔费用的统计和赔付资料。

3.1.9 职工安全健康管理。

公司应了解和掌握员工安全健康状况，对员工安全健康进行管理并应做好以下内容：

（1）定期组织员工开展有关人身安全、健康方面的知识培训和宣传、教育活动，在员工业余活动集中区域张贴关于安全健康的宣传资料。

（2）组织员工对安全健康风险进行评估，并制订防范措施。

（3）鼓励员工汇报安全健康事故，并形成制度。

3.2 保障管理

公司应从组织保障、制度保障、文化保障等方面建立并保持程序，以保障公司安全风险预控管理体系得到有效的实施和运行。

3.2.1 组织保障。

公司应建立健全安全风险预控管理组织机构，以组织、协调、指导、监督风险预控管理工作，组织机构应做好以下内容：

（1）职责明确、分工合理，负责风险管理全过程。

（2）由不同层次的有代表性的人员组成。公司安全风险预控管理的最终责任由公司最高管理者承担。公司管理层应为实施、控制和改进安全风险预控管理体系提供必要的资源。

3.2.2 制度保障。

（1）公司应建立健全与安全风险预控管理相关的目标、责任、奖惩、举报、投入保障、风险控制、员工行为、文化建设、安全会议、教育培训、技术审批、安全监测、人员操作、设备使用、应急救援、监督检查、考核评审、灾害预防、班组建设、卫生健康、环境保护等管理制度，并确保：

① 各项规章制度贯彻到全体员工。

② 有相应机构、部门负责上述规章制度的制定、修订、培训、监督检查与考核。

（2）公司应建立并保持程序，以识别适用的法律、法规、标准和相关要求，并确保：

① 相关活动遵守适时的法律、法规、标准和相关要求。

② 每年至少评价一次本公司对在用的法律、法规、标准和相关要求的遵守情况，并形成评价报告。

（3）及时地更新有关法律、法规、标准和相关要求的信息，并将这些信息传达给员工和其他相关方。

（4）资料齐全完善有目录清单。

（5）公司应建立并保持程序，以规范体系文件、记录的管理，保证在体系运行的各个场所、岗位都能得到相关的有效文件、记录，并确保：

① 有专门机构或人员负责文件收发、传达、归档。

② 文件收发、归档要有记录。

③ 与风险预控管理体系相关的各种记录应字迹清晰、标识明确，并可追溯相关的活动。

④ 记录保存和管理应便于查阅，避免损坏、变质或遗失，并明确记录保存期限。

3.2.3 安全文化保障。

公司应建立并保持企业安全文化建设管理程序，以发挥安全文化的导向、激励、凝聚和规范功能。安全文化建设应：

（1）明确安全文化的内涵、目标、内容、模式、建设流程，并最终形成实施方案。

（2）以实现员工自我管理为目标。

（3）全员、全过程、全方位地贯穿于公司的各项管理。

3.3 人员不安全行为管理

3.3.1 公司应建立并保持人员不安全行为控制程序；对人员不安全行为进行

识别和梳理，并制订员工岗位规范和控制措施，以实现人员准入、培训、监督全过程的流程管理。

3.3.2 公司应建立人员准入管理并保持员工准入管理标准，人员准入管理标准应：

（1）明确岗位设计要求和岗位需求计划。

（2）明确员工准入条件，包括员工身体条件、专业技能、文化水平等。

3.3.3 公司应在危险源辨识的基础上，对识别出的人员不安全行为进行梳理，总结分析不安全行为的发生规律，为不安全行为控制提供依据。人员不安全行为梳理应全面、具体、准确、有针对性，按照风险等级进行分类。

3.3.4 在人员不安全行为识别与梳理的基础上，公司应制订员工岗位规范，岗位规范应：

（1）种类齐全。

（2）明确各岗位工作任务。

（3）规定各岗位所需个人防护用品和工器具。

（4）明确各岗位安全管理职责。

（5）明确各岗位安全行为标准。

（6）确保在完成预定任务存在多工种交叉作业时，公司必须制定书面安全工作程序。

3.3.5 不安全行为控制措施的制订。

（1）公司应制订员工不安全行为控制措施，以确保员工岗位规范的有效执行，控制措施应包含以下几个方面：

① 结合公司自身的特点和员工不安全行为特征。

② 涵盖影响公司人员不安全行为的各类因素。

③ 针对不同类型的不安全行为分别制订员工培训教育计划。

（2）公司应建立员工培训教育机制，以提高员工的安全知识、意识和技能，员工培训教育应做好以下几个方面：

① 明确员工培训与绩效考核的部门及人员，并有绩效考核制度。

② 有足够的培训资源，包括师资、教材、资金、场所、设施等。

③ 每年至少对全员进行一次以危险源辨识、风险评估为主的体系培训。

④ 明确员工培训内容。

⑤ 建立员工培训信息档案。

⑥ 对参加培训的人员必须进行考核或考试。

⑦ 采用新技术、新工艺、新设备前对员工进行培训并有记录。

⑧ 新入公司员工要接受不少于 ×× 小时的安全培训和岗位技能培训。

3.3.6 公司应建立完善的员工行为监督制度，及时地对人员不安全行为进行监督和控制，并应做好以下几个方面：

（1）确定监督机构配备相应的管理、监督、考核人员。

（2）明确监督范围、方式、频次。

（3）对监督结果进行分类统计、分析并制订改进计划。

3.3.7 公司应建立健全员工档案，全面掌握员工信息，以实现分类管理，并确保：

（1）所有在岗员工的档案齐全。

（2）每个员工档案的信息内容完整，内容应包括姓名、性别、年龄、籍贯、文化程度、身体状况、职业技能等级或职称、参加工作时间、简历、培训情况、违章情况、受奖情况、受处分情况、职务或工种变动情况记录。

（3）对档案内容进行分析、评估，明确需重点监控对象。

3.3.8 职业健康管理。

（1）公司应建立并保持员工职业健康控制程序，及时识别和控制职业健康方面的有害因素，保障员工职业健康。

（2）公司应为员工创造安全、健康的作业环境，并应确保：

① 作业人员周围环境（温度、噪声、煤尘、烟尘等）满足健康要求。

② 各作业环境及餐饮、洗浴等公共场所卫生符合国家相关标准。

③ 员工个体防护及各作业场所，健康安全防护设施齐全有效，提示标志醒目。

④ 为员工提供及时服务的医疗机构，设置能满足员工日常健康检查和紧急救护需要。

（3）公司应建立员工健康检查监护制度，及时地掌握员工安全健康状况，做好员工职业病预防工作，并应：

① 对在岗从业人员的健康检查和健康监护符合《安全规程》规定。

② 有符合《职业病防治法》的职业病防治计划，并按计划开展职业病防治工作。

③ 定期对员工进行健康体检，并建立员工健康档案。

④ 每次体检结束后，对员工提供预防疾病和职业病的医学建议。

⑤ 发现患有职业病的员工，立即通知并提供治疗及康复条件，妥善安置。

⑥ 在员工上岗、转岗、离岗前进行健康检查。

⑦ 定期对员工进行健康宣传、培训。

3.3.9 公司应建立并保持环境管理程序，及时地识别和控制环境有害因素，预防环境破坏和污染事故，保持公司环境良好。环境保护应：

（1）制订完备的环境综合治理计划和目标，有专门机构检查。

（2）规范公司废油脂的回收管理，设置防止油脂泄漏和废油回收的设施或装置并对废弃油品进行标识。

（3）严格落实公司废气或粉尘物质监测和控制措施。

（4）对公司污水排放和净化进行监测，确保污水通过管路排放到地面集中处理，符合《工业污染物排放标准》中的技术要求。

（5）确保公司噪声防护完善，对作业场所噪声进行监测，噪声超标地点应有降噪措施。

（6）对公司固体废弃物进行分类管理，交由有资质的公司和人员进行处理。

3.3.10 公司应有手工工具完好标准、使用规程和管理制度，并符合下列要求：

（1）有手工工具检查清单。

（2）自制手工工具、非标制作的手工工具要预先制定标准，并经批准。

（3）不使用时操作人员要将工具整齐摆放在指定的工具箱包、袋、套或库内，利刃工具要有专门的护套。

（4）集体手工工具由专人管理。

（5）记入手工工具使用管理台账中的损坏工具应及时更换。

（6）在高架平台使用手工工具时必须加装固定的手腕带。

（7）对气动工具使用前进行风险评估。

（8）有使用的气动工具的登记台账、管理办法和定期检查记录。

3.3.11 公司应建立并保持标识标志管理程序，以规范标识标志的使用、设置、检查与维护。标识标志的管理应符合下列要求：

（1）对全体员工培训标识标志的含义，并建立标识标志公示牌板。

（2）标识牌板的安装不应妨碍人车通行。

（3）工作和作业场所标识标志的设计应便于作业人员观看。

（4）消防器材和急救设施存放点有明显的指示标志。

（5）噪声超标区、有毒有害区域、危险区域及受污染区域应有警示标识，并保持完好。

（6）所有工业管道线路均有介质色标和介质流向标识。

（7）危险化学品的运输车辆和储存场所有符合标准要求的标志。

（8）固定管道线路和有害介质管路上的阀门有标签，并在管路布置图上有识别标识。

（9）地面公共场所有避灾路线指示标志。

（10）仓库、车间、道路、露天场地按功能要求进行划线分区管理并有功能分区标识。

（11）设备有标有最大载荷负荷的标签，大容量的储罐要加标签说明介质和危险性。

3.4 检查、审核与评审

3.4.1 检查。

（1）公司应制定反映企业全面风险预控管理绩效的考核评价标准。评价标准应：涵盖并满足本规范的要求；结合公司自身特点；符合促进风险预控管理的方针和目标的实现。

（2）公司应定期或不定期地对照评价标准进行监督检查，检查应：系统、全面；重点关注可能产生不可承受风险的危险源；记录真实、准确、可追溯。

（3）公司对检查发现的不符合项应分析其产生的原因；按照不符合的处理程序予以纠正；重新审核或制订相应防范措施，防止再次发生。

3.4.2 审核。

公司应制定并保持体系审核程序，定期开展风险预控管理体系审核，以审核实施情况与体系的符合性，评价是否能有效满足企业的方针和目标。体系审核应：

（1）覆盖体系范围内的所有运行活动。

（2）由能够胜任审核工作的人员进行。

（3）对审核结果进行记录，并定期向管理者报告，管理者应对审核结果进行评审，必要时采取有效的纠正措施。

（4）及时将审核结果反馈给所有相关方，以便采取纠正措施。

（5）对已批准的纠正措施制订行动计划，并做出跟踪监测安排以确保各项建议的有效落实。如果可能，审核应由与所审核活动无直接责任的人员进行。

3.4.3 评审。

公司应按规定的时间间隔对体系进行评审，以确保体系的持续适宜性、充分性和有效性。评审应：

（1）确保收集到必要的信息以供管理者进行评价。

（2）根据风险预控管理体系审核的结果、环境的变化和对持续改进的承诺，指出可能需要修改的风险预控管理体系方针、目标和其他要素。

（3）评审结果应予公布并应跟踪监测其改进情况。

（4）将评审结果形成文件。

拟定		审核		审批	

三、安全生产确认制度

<table>
<tr><td>标准文件</td><td></td><td rowspan="2">安全生产确认制度</td><td>文件编号</td><td></td></tr>
<tr><td>版次</td><td>A/0</td><td>页次</td><td></td></tr>
</table>

1. 目的

为适应新时期安全生产工作的需要，进一步明确各级人员安全职责，使公司的各项规章、制度、规程落到实处，实行从生产、检修工作的布置、执行、检查和结果确认的全过程管理，做到工作安排布置准确、责任落实、措施到位、执行严格，避免操作或检修过程中因疏忽大意或操作失误、违章作业等原因造成事故的发生，达到保障生产和检修安全的目的，结合公司安全生产工作实际，特制定本制度。

2. 适用范围

2.1 生产操作作业及作业环境、条件。

2.2 供停电作业。

2.3 供停气、汽、水等介质作业。

2.4 起重吊装作业。

2.5 设备、电气、仪表、建构筑物等装置设备的维护检修或工程施工作业。

2.6 装置停车检修及开停车作业。

2.7 其他与安全生产有关的活动和作业。

3. 管理规定

3.1 确认的内容

3.1.1 生产操作、设备检修或工程施工过程中的技术参数或指标、作业程序、安全措施的落实、执行情况。

3.1.2 电气设备维护检修、供停电的技术规程规范、安全措施的落实、执行情况。

3.1.3 仪器仪表维护检修的技术规程规范、安全措施的落实、执行情况及运行的真实性、灵敏性、可靠性等。

3.1.4 起重吊装作业的技术规程规范、安全措施的落实、执行情况。

3.1.5 装置停车检修或开停车的技术规程规范、安全措施的落实、执行情况。

3.1.6 各种技术方案、施工方案在执行过程中需修改、变更的。

3.1.7 各种作业的环境和条件的检查确认。

3.1.8 相关管理制度、规定的落实、执行情况。

3.1.9 相关安全作业票证的办理、执行情况。

3.1.10 其他的安全生产活动和作业的安全措施的落实、执行情况。

3.1.11 操作人员从业资质审查、作业准入制的办理及操作人员安全教育等情况。

3.1.12 各级操作人员安全职责的落实与履行情况。

3.2 确认的原则

3.2.1 确认的原则以操作、检修或施工操作人员之间的自查确认和项目负责人、专业技术人员和管理人员的确认为主，以上级确认为辅。

3.2.2 确定原则的实施要求。

（1）实行逐级确认的原则，即需上级确认的，下级必须先进行确认后，方可交上一级进行确认。

（2）在生产操作、检修或施工作业过程中，中间过程（结果）的确认，由操作班或车间负责人组织并进行检查确认签字。

（3）生产与检修（施工）交接确认，由公司组织，交接双方负责人到现场进行检查交接并确认签字。

（4）电气、仪器仪表和停供电作业的确认，必须由操作人员自查合格后，相关人员再进行检查确认签字。

（5）对检查结果确认有疑问时，应提请班组长、专业技术人员、管理人员或上级主管部门进行确认签字。

（6）确认检查人和作业（执行）人不能为同一人。

（7）日常性的操作作业的确认，操作执行情况由操作人员准确地记录在操作记录本上，确认人确认后，在记录本上签署确认意见。

（8）日常性的设备小修等维修作业的确认，检修人员在维修任务书或检修单上准确填写检修情况，由一起进行检修作业的负责人或操作人员进行确认，并在任务书或检修单上签署确认意见。

（9）需办理作业许可票证（如登高作业证等）的作业，确认人可直接在作业票证的空白处签署确认意见。

（10）各种技术方案、施工方案以及在执行过程中的修改、变更的确认可以直接在方案的空白处进行确认。

（11）不需办理作业许可票证的非日常性操作或检修作业，应填写“安全生产确认表”进行确认。车间或班组在布置工作的同时，一并填写确认表，确认事项一栏要明确确认的内容（如具体的指标或安全措施等）；实施情况由操作人员如实填写，确认人在确认栏签署确认意见。

（12）确认人必须到现场进行确认后，签注具体的确认意见。

（13）外来施工方由公司负责确认或督促其按规定进行确认。

3.3 管理与考核

3.3.1 各部门应认真宣传贯彻公司的《安全生产确认制度》，切实抓好安全生产的确认工作，并根据本部门的具体情况制定安全生产确认的实施细则，报主管部门备案。

3.3.2 各主管部门应根据专业管理的要求制定相应的安全生产确认管理办法。

3.3.3 各主管部门应对各部门安全生产确认的执行情况进行监督检查，并将其纳入日常管理工作范围。

3.3.4 凡是未严格执行安全生产确认制度的，一经查实，作为违反公司安全生产管理规章制度处理并对部门按公司相应的考核办法予以考核。

3.3.5 确认人未严格按照公司的相关规程、规范、管理制度和确认事项要求进行确认而发生事故的，应追究其相应的责任。

拟定		审核		审批	

四、行为安全观察与沟通管理规定

标准文件		行为安全观察与沟通管理规定	文件编号	
版次	A/0		页次	

1. 目的

1.1 安全行为观察与沟通是一项非惩罚性的安全活动程序，是以允许并引导员工讨论他们的行为，直到让员工自觉认识到为什么要改变以往的某些行为方式，直至达到“我要安全”的安全工作状态。

1.2 为规范公司“行为安全观察与沟通”（以下简称“观察与沟通”）管理，逐步消除不安全行为和不安全状态，有效预防事故的发生，特制定本规定。

2. 适用范围

本规定所指“行为安全观察与沟通”，是指对一名正在工作的人员观察 30 秒以上，以确认有关任务是否在安全执行，包括对员工作业行为和作业环境的观察。

本规定适用于公司的全部办公、作业活动和作业环境，也包括分包商的相关工作场所。

3. 管理规定

3.1 要求

3.1.1 观察与沟通的重点是观察和讨论员工在工作地点的行为及可能产生的后果。安全观察既要识别人的不安全行为和物的不安全状态，也要识别人的安全行为和物的安全状态。

3.1.2 要求从公司生产值班长、维修班长、主管、各部门经理直至公司领导都应开展观察与沟通，不得由他人代替。

（1）公司领导观察周期为每季度一次。

（2）公司安全生产分管领导观察周期为每月一次。

（3）各部门经理观察周期为每周一次。

（4）主管级管理人员观察周期为每天一次。

（5）班组长级管理人员观察周期为每班一次。

（6）设备、工艺各专业负责人观察周期为每班至少一次。

3.1.3 对于观察到的所有不安全行为和状态都应立即采取行动。

3.1.4 行为安全观察不能替代日常安全检查，其结果不作为处罚的依据。

3.1.5 公司各部门应鼓励员工在日常工作中进行随机观察与沟通。

3.2 职责

3.2.1 各部门负责本部门观察与沟通活动汇总、统计、分析“观察与沟通报告”的信息和数据，于每季度第一个月的5日前，报安全管理部门汇总。安全管理部门汇总后，于当月10日前，将结果报分管领导审阅后，向总经理汇报。

统计分析主要包括：

（1）对所有的观察与沟通信息和数据进行分类统计。

（2）分析统计结果的变化趋势。

（3）根据统计结果和变化趋势提出安全工作的改进建议。

3.2.2 各部门负责根据本部门观察与沟通活动汇总情况，制订整改计划和措施并落实实施，防止类似问题重复发生。

3.2.3 安全管理部门负责对各部门的观察与沟通活动进行督导，并检查整改落实情况，每季度形成总结报分管领导审阅。

3.3 实施

3.3.1 观察与沟通分为有计划的和随机的两种形式。

（1）有计划的观察与沟通是指制订观察与沟通计划，并且按照计划实施观察与沟通行为。

（2）随机的观察与沟通是指计划外的。

3.3.2 观察与沟通的执行人员应以下列方式进行：

（1）以请教的方式与员工平等地交流讨论安全和不安全行为，避免双方观点冲突，使员工接受安全的做法。

（2）应说服并尽可能与员工在安全上取得共识，而不是使员工迫于纪律的约束或领导的压力做出承诺，避免员工被动执行。

（3）应引导和启发员工思考更多的安全问题，提高员工的安全意识和技能。

3.3.3 观察与沟通应按以下的“六步法”实施：

（1）观察。现场观察员工的行为，决定如何接近员工，并安全地阻止不安全行为。

（2）表扬。对员工的安全行为进行表扬。

（3）讨论。与员工讨论观察到的不安全行为、状态和可能产生的后果，鼓励员工讨论更为安全的工作方式。

（4）沟通。就如何安全地工作与员工取得一致意见，并取得员工的承诺。

（5）启发。引导员工讨论工作地点的其他问题。

（6）感谢。对员工的配合表示感谢。

3.3.4 观察与沟通应包括以下几个方面内容：

（1）员工的反应：员工在看到他们所在区域内有观察者时，他们是否改变自己的行为（从不安全到安全）。员工在被观察时，有时会做出反应，如改变身体姿势、调整个人防护装备、改用正确工具、抓住扶手、系上安全带等。

（2）员工的位置。员工身体的位置是否有利于减少伤害发生的概率。

（3）个人防护装备。员工使用的个人防护装备是否合适，是否正确使用，个人防护装备是否处于良好状态。

（4）工具和设备。员工使用的工具是否合适，是否正确，工具是否处于良好状态，非标工具是否获得批准。

（5）程序。是否有操作程序，员工是否理解并遵守操作程序。

拟定		审核		审批	

五、反习惯性违章管理办法

标准文件		反习惯性违章管理办法	文件编号	
版次	A/0		页次	

1. 目的

为了切实贯彻落实《安全生产工作规定》，全面落实安全生产责任制，彻底杜绝违章现象，切实保证安全生产和职工的人身安全，特制定本办法。

2. 总的要求

2.1 企业生产的各种规程、制度和上级有关安全生产的各项规定，公司员工都应遵守，如在工作中违反均属违章，都将按本办法进行考核处罚。

2.2 各部门安全第一责任人负责对本细则组织实施，认真组织员工学习，层层宣讲，使每一位员工都熟悉此办法。

2.3 公司所有员工都有权制止违章行为，对违章行为实行举报制度，对制止违章行为而避免事故及障碍者，公司将根据其提供的证明资料（如照片等）进行核实，如果事实成立，将给予 ×× ～ ×× 元的奖励。

2.4 根据员工违章行为的严重程度，违章行为分为四类：严重违章、较严重违章、一般违章和轻微违章，分别为Ⅰ类、Ⅱ类、Ⅲ类和Ⅳ类违章。对于“生产现场违章行为的主要表现”中未列入的违章行为，由公司安委会召开会议商讨后确定。

2.5 对各类违章行为，发现一起查处一起，并在公司安全简报上及时地通报，对违章人及有违章记录的建立违章处罚档案。违章处罚档案包括反习惯性违章记录表、反习惯性违章检查记录、违章作业处罚单。

2.6 开展反违章工作，本着以人为本、分层控制的原则。员工要确保无违章行为，班组确保无违章作业，部门确保无违章工作现场，努力实现员工控制差错，班组控制未遂和异常，部、所控制轻伤和障碍，公司控制重伤和事故。

2.7 公司成立反违章领导小组和反违章领导办公室，具体领导本公司反违章工作。公司反违章领导小组成员每年对各部门反违章工作督查不应少于 2 次。

2.8 反违章检查分为日常反违章检查和定期反违章检查，日常反违章检查是指各部门、班组在日常工作中（随意性或无组织的）的检查；定期反违章检查指由反违章领导小组或部门、班组定期组织开展的反习惯性违章检查。

3. 具体规定

3.1 违章的分类

从生产活动的组织与事故直接原因的联系这个角度，违章可分为：

3.1.1 作业性违章：是指在电力生产、基建工程、施工检修的现场作业中，操作人员不遵守安全规程，违反保证安全的各项规定、制度及措施的一切不安全行为。

3.1.2 装置性违章：是指工作现场的环境、设备、设施及工器具不符合有关的安全工作规程、设计技术规程、劳动安全和工业卫生设计规程、施工现场安全规范等各项规定的一切不安全状态。

3.1.3 指挥性违章：是指生产指挥人员违反劳动安全卫生法规、安全工作规程、技术规程和专为某项工作制订的安全技术措施进行劳动组织与指挥的行为。

3.1.4 管理性违章：是指从事电力生产、施工的各级领导者和行政、技术管理人员不认真执行规程制度或借故不执行规程制度和某些规定，不结合本公司、本部门实际情况制定有关规程、制度和措施，并组织实施的行为。

3.2 组织机构及管理职责

3.2.1 根据公司的实际情况，成立以公司安全生产分管领导为组长，安技部经理为副组长，安技部、设备管理部、发电运行部、水工部、总经理工作部、外委项目部、人力资源管理部、工会等部门负责人为成员的反违章工作领导小组。

3.2.2 反违章工作领导小组负责组织和布置公司的反违章工作，审批违章处罚通知单，履行公司安全生产工作规定的相关职责。

3.2.3 安技部是反违章工作归口管理部门，负责指导、监督、检查公司反违章工作的开展，对违章行为进行调查、考核、责成整改并进行公布，并履行公司安全生产工作规定的相关职责。

3.2.4 设备管理部、发电运行部、水工部、总经理工作部等部门负责指导、督促、检查、考核本部门管理范围内的反违章工作，督促各级人员正确执行规章制度、工作标准，杜绝作业性违章、装置性违章、指挥性违章和管理性违章，审批本部门违章处罚通知单，履行公司安全生产工作规定的相关职责。

3.2.5 各班组安全第一责任人负责实施现场违章的检查及查岗工作，督促各级人员正确执行规章制度、工作标准，杜绝作业性违章、装置性违章、指挥性违章和管理性违章，审批本班组违章处罚通知单，履行公司安全生产工作规定的相关职责。

3.2.6 财务会计部负责按反违章领导小组提交的违章处罚单的处罚要求对受处罚人员进行处罚。

3.2.7 其他部室负责按公司安全生产工作等要求开展本部门的反违章工作，审批本部门违章处罚通知单，履行公司安全生产工作规定的相关职责。

3.3 工作方法

3.3.1 结合公司安全生产检查管理有关规定，安技部检查公司各部门、班组作业工作每月不少于 1 次，检查设备管理部、发电运行部、水工部、总经理工作部、外委项目承包商的作业工作每月不少于 1 次，二级机构检查本机构班组作业工作每月不少于 1 次。

3.3.2 公司安技部应编制完整的检查违章记录簿、表格，并将其内容作为检查该工作的依据。

3.3.3 公司分管领导每季度至少组织 1 次反违章领导小组成员（不少于 3 人）到生产、作业现场检查安全措施落实及反违章工作情况。

3.3.4 公司安技部安监人员每月至少 1 次到生产、施工现场进行检查。

3.3.5 部门、班组安全员坚持对本部门、班组现场反违章工作进行监督。

3.3.6 在检查过程中，检查人员应使用“反习惯性违章检查记录”，并告知违章者其过失事实。

3.3.7 发出的违章作业处罚单存根作为查处生产现场违章工作的依据。

3.3.8 各部门每月5日前向公司安技部报送上月安全检查发现的违章行为及存在问题；每年1月、7月的5日前按要求填写上一年度下半年和本年度上半年的违章查处情况记录表，表中要列出具体内容和要求，报公司安技部备案。

3.3.9 每次安全检查必须有记录，做到有据可查。

3.3.10 公司安技部负责将安全检查的结果汇总，每月上旬将上月查处违章的结果进行通报，对违章行为进行分析并提出纠正的建议。

3.4 对违章行为的处罚

3.4.1 定期反违章检查

（1）由反违章领导小组或部门、班组定期组织开展的反习惯性违章检查中如发现违章行为，将按违章行为分类处罚标准对违章人员进行处罚。

（2）对上级领导及有关部门来公司检查、视察时发现的违章行为，将按照公司《安全生产工作奖惩规定》执行。

3.4.2 日常反违章检查：各部门、班（站、所）在日常工作中（随意性或无组织的）的检查时如发现违章行为，将按照违章行为的严重程度进行处罚。

3.5 生产现场违章行为的表现和分类

3.5.1 有下列违章行为之一的，为严重违章（Ⅰ类违章），给予违章者××元处罚。

严重违章（Ⅰ类违章）

类别	违章行为
作业性违章	（1）非电工从事电气作业或不具备带电作业资格人员进行带电作业 （2）未经验电便挂接地线（包括低压线）、合接地刀闸 （3）电气设备停电作业约时停送电：约时停电是指工作人员不履行工作许可手续，按预先约定的计划停电时间或发现设备失去电压，而进行工作；约时送电是指不履行工作终结制度，由值班人员或其他人员按预先约定的计划送电时间合闸送电 （4）电气倒闸操作或电气设备检修，不执行监护制不核对设备名称、编号、位置、状态 （5）无故不执行调度命令 （6）不掌握现场作业情况，误将检修设备送电 （7）防误闭锁装置钥匙未按规定使用 （8）操作人员在未按规定办理完许可开工手续前，即在电气设备上工作 （9）设备检修试验，操作人员擅自扩大工作范围 （10）安全距离不够，应停电而未停电且未采取有效隔离措施 （11）高处作业不使用安全带（或不正确使用双保险安全带）或安全带未挂在牢固的构件上，焊工不佩戴防护用具和不使用防火安全带 （12）不按规程规定使用相应电压等级且合格的验电器验电 （13）在停电设备、线路上工作前，未按安规要求装设接地线或合接地刀闸就开始工作

续表

类别	违章行为
作业性违章	（14）设备检修完毕，未办理工作票终结手续就恢复设备运行 （15）工作办理终结后重新回到该设备上工作或清理遗留物 （16）操作人员仍在工作，就提前办理工作终结手续 （17）在带电设备附近进行起吊作业，安全距离不够或无监护
指挥性违章	（1）无工作票工作（按《电力安全工作规程》规定及《工作票管理制度》应办工作票而不办工作票） （2）无操作票操作（按《电力安全工作规程》规定及《工作票管理制度》应填操作票而不填操作票） （3）没有工作交底，没有安全技术措施，或应办工作票、操作票、安全施工作业票而不办，即组织生产 （4）擅自变更经批准的安全技术措施或代签工作票、操作票、安全施工作业票 （5）未按规定办理安全技术交底单 （6）发布其他违反劳动卫生安全法规、条例及《电业安全工作规程》《电力建设安全工作规程》的指令
装置性违章	（1）作业现场不能保证满足规程规定的安全距离，而没有采取可靠的防范措施 （2）电气安全工具、绝缘工具未按规定进行定期试验 （3）电气防误闭锁装置、功能不齐全 （4）线路杆塔无线路名称和杆号 （5）屋外（屋内）电气设备根据有关规程应设置固定遮（围）栏的没有设置，或遮栏门没有锁住，没有悬挂安全标志
管理性违章	（1）对国家、行业、公司有关法规、安全生产规章制度、重要文件等未组织贯彻落实 （2）新入厂的人员，没有组织三级安全教育和《电业安全工作规程》考试合格 （3）特种作业人员，没有经过规定的专业培训，就安排上岗
其他	经公司安委会认定为I类违章行为的行为

3.5.2 有下列违章行为之一的，为严重违章（Ⅱ类违章），给予违章者××元处罚。

严重违章（Ⅱ类违章）

类别	违章行为
作业性违章	（1）进入现场不戴安全帽或戴不合格安全帽或安全帽佩戴不规范 （2）许可外来施工方未实行“双负责人”的工作票 （3）跨越安全围栏或超越安全警戒线 （4）未按规定使用二次设备及回路工作安全技术措施单 （5）在平行或同杆架设多回路线路上工作，没有设专人监护 （6）不按已批准的施工方案施工 （7）未按规定编制施工方案或施工方案未经审批就进行施工 （8）线路登杆不核对名称、杆号、色标 （9）工作负责人（监护人）违反安规规定参加工作，不进行监护或离开检修现场不指定代理人 （10）使用不合格的绝缘工具和电气工具 （11）杆塔上有人作业时，调整杆塔的拉线

续表

类别	违章行为
作业性违章	（12）执行有漏项、操作秩序颠倒的操作票、调度指令票，执行未经审核的操作票、调度指令票 （13）与运行线路同杆架设导、地线，或穿越、跨越带电运行线路时，未采取可靠的防触电措施 （14）杆塔上作业转位时，失去安全带保护 （15）可能造成严重后果（未遂）的误接线、误整定、误操作、调度误发令等 （16）工作、值班期间饮酒 （17）酒后登高作业 （18）非操作工操作起重设备（指专人操作的起重设备） （19）现场无施工图纸和方案，凭记忆在二次回路上工作 （20）低压带电工作不使用有绝缘手柄的工具、不使用绝缘垫或不站在干燥的绝缘物上 （21）无正当理由而不服从安全监督人员纠正错误行为 （22）调度员发布调度命令时不互通部门、姓名，不使用录音装置的电话或未使用调度规范术语，受令人员接受调度操作命令时不复诵或没有录音、未使用调度规范术语
装置性违章	（1）开关设备未使用双重编号 （2）平行或同杆架设多回路线路无色标 （3）现场低压开关设备护盖不全、导电部分裸露，高压配电装置带电部分对地距离不能满足规程规定并无相关安全防护措施 （4）梯子端部无防滑措施，人字梯无限制开度的拉绳、钩子等 （5）易燃易爆区、重点防火区消防器材配备不齐，不符合消防规程的要求，无警示标志
指挥性违章	（1）不考虑员工的工种与技术等级进行分工 （2）决定设备带病运行、超出其运力运行，而没有相应的技术措施和安全保障措施，或是让员工冒险作业 （3）擅自决定变动、拆除、挪用或停用安全装置和设施
管理性违章	（1）没有能够及时地制定、修订有关规程，使有关安全生产工作无章可循 （2）对频发的重发性事故没有采取有力措施加以制止 （3）制定的规程、制度、措施不符合现场实际，使用中导致事故的发生，或在事故处理时延误或扩大了事故 （4）重大设备缺陷未及时地组织排除导致事故发生 （5）对外发包工程项目未具体规定发包方和承包方各自应承担的安全责任
其他	经公司安委会认定为Ⅱ类违章行为的行为

3.5.3 有下列违章行为之一的，为一般违章（Ⅲ类违章），给予违章者××元处罚。

一般违章（Ⅲ类违章）

类别	违章行为
作业性违章	（1）除Ⅰ类、Ⅱ类违章行为以外的，不按操作规定和规程进行操作的行为 （2）不按规定使用个人劳动安全卫生防护用品 （3）随意挪用现场安全设施或损坏现场安全标志

续表

类别	违章行为
作业性违章	（4）接发令不认真执行复诵制度，操作时不认真执行唱票、复诵制度 （5）操作人员未按规定每操作完一项在操作票对应栏做红色记号“√” （6）当班负责人工作前未宣读工作票，未对全体操作人员进行安全技术交底 （7）当班操作人员未按规定办理完许可开工手续前，即进入工作现场 （8）当班操作人员未撤离工作现场（已停止工作），就提前办理工作终结手续者 （9）实际当班操作人员与工作票填写人员不符，或工作中途临时换人时，未按规定在工作票中注明或所换人员不熟悉工作内容和工作范围 （10）工作票附件危险点控制措施卡未与工作票一同保存或没有按规定办理 （11）多班组进行同一任务的线路工作，未办理分组派工单 （12）连续停电夜间不送电的线路工作，次日恢复工作前，未检查接地线等各项安全措施的完整性 （13）办理工作票间断手续，未交回工作票，复工时未重新履行许可手续 （14）工作终结时，未经同意而设备未恢复到工作开始状态 （15）在电缆沟、集水井、夹层或金属容器内工作，不使用安全电压行灯照明或无人监护 （16）高压试验时不临时装设围栏、挂标示牌，加压过程无专人监护 （17）使用未按定期试验合格的登高工具 （18）雷雨、暴雨、浓雾、六级及以上大风时仍进行高处作业、检修，或进行水上作业、露天吊装等作业 （19）吊物、传运物件操作方法违反规程规定 （20）起重作业操作方法、指挥信号违反规程或现场施工安全操作措施规定 （21）使用不合格的吊装用具（机具、器具、索具） （22）未采取措施即对盛过油的容器施焊 （23）开关室有报警，进入开关室前，未进行充分的通风 （24）未严格按规定要求存放易燃易爆物品，无专人保管，领退料手续不严格，易燃易爆物品存放在普通仓库内 （25）氧气瓶、乙炔瓶、氢气瓶及其他惰性气体、腐蚀性气体瓶等，安全防护装置不全，未定期检验，未按规定进行标识 （26）车辆不按期进行安全检查及年审 （27）水上工作不佩戴救生设备，没有其他救生措施 （28）断开的电源线头没有用绝缘胶布包扎 （29）运输机械未停稳或挪动时，人员上下传递物件运行中将转动设备的防护罩打开，或将手伸入遮拦内，戴手套或用抹布对转动部分进行清扫或进行其他工作 （30）易燃物品及重要设备上方进行焊接，下方无监护人，未采取防火等安全措施 （31）在金属容器内同时进行电焊、气焊、气割或进行其他工作，入口处无人监护
装置性违章	（1）安全防护装置不全、有缺陷或不符合规程规定 （2）安全标志、设备标志不全、不清晰或不符合规定 （3）生产、施工现场的安全设施不全或不符合规程规定 （4）施工机具、设备、工器具、脚手架结构等不符合安全要求或强度不够 （5）安全防护用品、用具配备不全、数量不足、质量不良 （6）易燃、易爆区、重点防火区，防火设施不全或防火措施不符合规定要求 （7）易燃易爆物品存放位置、地点、环境不符合安全规定 （8）高压开关室、发电机风洞等部位的门不能从内部打开 （9）220kV及以上钢筋混凝土构架上的电气设备金属外壳没有采用专门敷设的接地线 （10）地线、零线的连接使用缠绕法，未采用焊接压接或螺栓连接方法 （11）电力设备拆除后，仍留有带电部分未处理

续表

类别	违章行为
装置性违章	（12）高空作业、起重作业、深沟深坑拆除工程等工作现场四周无安全警戒线 （13）起重机械制动、限位、信号、显示、保护装置失灵或有缺陷起吊索具、承力部件未经试验，或存在缺陷 （14）起吊作业范围没有防止外人通行的措施 （15）易燃易爆物品仓库之间的距离不满足防火规程的要求，无避雷设施 （16）油罐、油管道接地不良，接头渗漏油 （17）现场无畅通的消防通道
指挥性违章	（1）不按规定给员工配备必须佩戴的劳动安全卫生防护用品 （2）对员工发现的装置性违章和技术人员拟定的反装置性违章措施不闻不问，不组织消除
管理性违章	（1）对下级反映的需要协助解决的安全生产工作，不能及时地研究、答复和协助解决 （2）对事故、障碍大事化小，小事化了，未能按“三不放过”的原则认真对待 （3）不能对工作进行总结，找出薄弱环节，制订措施，改进工作
其他	经公司安委会认定为Ⅲ类违章行为的行为

3.5.4 有下列违章行为之一的，为轻微违章（Ⅳ类违章），给予违章者××元处罚。

轻微违章（Ⅳ类违章）

类别	违章行为
作业性违章	（1）攀、坐、站、倚、行位置姿态，不符合安全规定 （2）使用未经验收合格的脚手架，沿绳索攀爬脚手架、竖井架等 （3）在高处平台、孔洞边缘休息或倚坐栏杆 （4）搭乘载货吊笼 （5）站在石棉瓦、油毡、苇箔等轻型、简易结构的屋面上施工，凭借栏杆、脚手架、瓷件等起吊物件 （6）戴手套使用大锤或手锤，锤头未加楔 （7）不使用插头而直接用导线插入插座或挂在刀闸上供电 （8）乱拉乱接临时施工电源，或未按规定安装漏电保护开关，或使用金属丝代替保险丝，或使用不符合规定的临时电源线 （9）低压带电工作不使用有绝缘手柄的工具、不使用绝缘垫或不站在干燥的绝缘物上 （10）在屋外变电所和高压室内搬动梯子、管子等长物，未按规定两人放倒搬运，并与带电部分保持安全距离 （11）在运行设备区域作业，使用金属梯 （12）在带电设备周围使用钢卷尺、皮卷尺和夹有金属丝的线尺进行测量工作 （13）值班人员脱离岗位，巡视不到位或走过场 （14）擅自拆除孔洞盖板、栏杆、隔离层或拆除上述设施不设明显标志并及时恢复 （15）登杆前未认真检查爬梯、脚钉是否齐全完好 （16）直接使用220V电源的灯泡作为安全电压行灯照明 （17）穿破底鞋或带铁掌的鞋进行登高作业 （18）冬季高处作业无防滑、防冻措施

续表

类别	违章行为
作业性违章	（19）梯子架设在不稳固的支持物上进行工作，绳梯未挂在可靠的支持物上，使用前未认真检查 （20）高空作业人员不用绳索传递工具、材料，随手上下抛掷东西，或高空作业的工器具无防坠落措施 （21）高处作业时，施工材料、工器具等放在临空面或孔洞附近 （22）吊物捆扎、吊装方法不当，在吊物上堆放、悬挂零星物件，起吊未经验收合格的预制构件 （23）在组装组铁构件与构架时，将手指伸入螺孔进行找正 （24）使用破损的插头、插座、电源线、电源箱；断开的电源线头没有用绝缘胶布包扎 （25）不执行起吊措施，设备超载运行或偏拉斜吊或吃力不均；在起吊物的下方、正在施工的高层建筑物、构筑物下方通过或停留 （26）在机械的转动、传动部分保护罩上坐、立、行走，或用手触摸运转中机械的转动、传动、滑动部分及旋转中的工件 （27）用载货设备输送人员 （28）脚手架上堆物超过其承载能力 （29）在易爆、易燃区携带火种、吸烟、动用明火及穿带铁钉的鞋 （30）在生产、办公、生活区域随意动火，在禁烟区吸烟，动火作业不办理动火工作票 （31）进入生产现场范围，不按规定位置随意停车 （32）高空作业时打手机 （33）焊接切割工作前，未清理周围易燃物，工作结束后，未检查清理遗留物 （34）现场滤油无人看管，或无防漏防火的可靠措施
装置性违章	（1）使用的手持电动工具未装设触电保安器或 1∶1 安全电压隔离变压器 （2）高架吊车轨道接零后未做重复接地 （3）公用配电架、配电室缺少安全警示牌 （4）照明外线对地距离不足 （5）线路防护区内未按规定清障 （6）使用的脚手架不合格，脚手架未按规定搭设 （7）设备、管道、孔洞无牢固盖板或围栏 （8）高处危险作业区下方未装设牢靠的安全网 （9）夜间高处作业或炉膛内作业照明不足 （10）电杆的脚钉爬梯不全、不牢固 （11）临时爬梯材质不符合要求，挂靠不牢 （12）高建筑物临空面没有栏杆 （13）深沟、深坑四周无安全警戒线，夜间无警告指示红灯 （14）厂房和其他生产场所吊装口四周无固定栏杆 （15）立体交叉作业无严密牢固的防护隔离设施设备，管道、孔洞无盖板或围栏 （16）使用中的氧气瓶、乙炔瓶相距不足 8 米，未垂直放置，乙炔瓶距明火不足 10 米 （17）高处作业临空面未设防护栏杆和挡脚板 （18）动火作业未按要求放置灭火器或作业后现场遗留火种 （19）进入易燃易爆区的车辆无防护罩 （20）消防水压力不足，未按规定设置消防水管及配置消防水龙带 （21）深沟、深坑四周无安全警戒线，夜间无警告指示红灯 （22）运载物品需绑扎而不绑扎或不牢固的 （23）在道路范围内作业未采取防撞措施 （24）在道路范围内夜间作业未穿反光衣、未设红色警示灯 （25）车辆进入施工现场，驾驶员未将车停放在指定的安全地点 （26）生产、施工场地环境不良

续表

类别	违章行为
管理性违章	（1）对现场规程没有每年进行一次复查、修订，并书面通知有关人员 （2）图纸资料与现场实际严重不符或设备异动（变动）通知不及时（主设备、主保护、主要辅助设备异动通知超过 24 小时） （3）让未经批准的外来人员进入中控室 （4）不按规定要求进行安全学习 （5）在中控室内用餐
其他	经公司安委会认定为Ⅳ类违章行为的行为

拟定		审核		审批	

第三节 安全事故预防管理表格

一、安全评价报告

安全评价报告

日期：

前言：
评价项目概况（包括评价项目、范围、依据等）：
评价程序：
评价方法：
危险、有害因素识别分析：

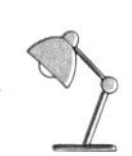

续表

定性、定量评价：
事故的统计、原因分析：
对策措施及建议：
安全现状评价结论：

二、安全生产确认表

安全生产确认表

单位：　　　　　　　　　　　　　＿＿年＿＿月＿＿日

作业名称			安排人	
作业人			实施负责人	
作业时间			完成时间	
确认事项		签名：　　　时间：		
实施情况		实施人：　　　时间：		
确认人签字	作业负责人或主操	确认人：　　　时间：		
	班组级	确认人：　　　时间：		
	车间级	确认人：　　　时间：		
	厂　级	确认人：　　　时间：		

注：此表由执行部门填写；确认事项栏应写明具体的确认内容，如具体的安全措施、安全指标及要求等内容；实施情况栏执行人写明具体的执行情况和完成后自查的情况；确认人签字一栏要填写确认内容的完成情况及是否达到要求；此表经确认后，由执行部门存档备案。

三、反习惯性违章记录表

反习惯性违章记录表

部门：　　　　　　　　　　　　　　　　______年____月____日

序号	违章日期	违章人员姓名	职务（工种）	违章人员所在单位（班组）	违章内容	处理（处罚）情况	备注

四、反习惯性违章检查记录

反习惯性违章检查记录

检查日期		检查地点	
检查情况	在______年____月____日进行的反习惯性违章行为检查中，□发现、□未发现有违反如下典型习惯性违章行为。		
典型习惯性违章行为	□ 1. 无票作业 □ 2. 不带工作票或弃票作业 □ 3. 开工前不宣读工作票 □ 4. 工作前对工作现场没有进行踏勘 □ 5. 施工、检修工作不召开班前、班后会 □ 6. 施工作业期间着装不合要求 □ 7. 进入施工现场不戴安全帽或戴安全帽不规范 □ 8. 高处作业不按规定正确使用或不使用安全带 □ 9. 站在梯子上工作时不使用安全带 □ 10. 线路停电、验电时没戴绝缘手套 □ 11. 高、低压停电工作，挂接地线前不验电 □ 12. 停电后，对停电设备不挂标示牌 □ 13. 操作高压丝具不按规定顺序进行 □ 14. 工作无计划，班站擅自安排工作 □ 15. 工作期间饮酒或酒后从事电力生产工作		

续表

典型习惯性违章行为	□ 16. 接受命令后不复诵即行操作 □ 17. 用缠绕的方法装设接地线 □ 18. 移开或越过遮栏工作 □ 19. 在室外高压设备上工作时，四周不设围栏 □ 20. 工作票未经许可，工作人员就提前进入施工现场工作或做准备工作 □ 21. 对投运的闭锁装置随意退出或闭锁 □ 22. 未采取防倾倒措施登杆作业 □ 23. 登杆前不检查登杆工具 □ 24. 新立电杆未夯实牢固便登杆作业 □ 25. 作业中随意从高处跳下 □ 26. 工作时个人工具携带不全 □ 27. 工作负责人不到或中途离开工作现场 □ 28. 工作人员未全部下杆就拆除接地线 □ 29. 误登带电设备或杆塔 □ 30. 接地线放错位置，不能对号入座 □ 31. 设备检修后没进行设备验收 □ 32. 约时停送电 □ 33. 没有防小动物措施 □ 34. 雷雨天气不穿绝缘靴巡视室外高压设备 □ 35. 装设接地线时，接地极插入地面深度不够 □ 36. 使用超过试验周期的安全工器具 □ 37. 不采取安全措施，在带电线路上方穿越放、收导线 □ 38. 拉高压丝具操作任务完成后未将丝具管摘下妥善保管 □ 39. 在放线跨越施工中，与邻近的带电部位小于安全距离 □ 40. 高处作业不使用工具袋，上下取物不用绳索，随意上下抛物及工具 41. 除上以外，还违反习惯性违章 200 例中的________________________ ____
纠正措施	

受检部门		部门负责人	
检查人员（签名）	日期：_____年____月____日		

五、违章作业处罚单

违章作业处罚单

检查日期		工作地点	
违章情况	□ 1. 无票作业 □ 2. 不带工作票或弃票作业 □ 3. 开工前不宣读工作票 □ 4. 工作前对工作现场没有进行踏勘 □ 5. 施工、检修工作不召开班前、班后会		

续表

<table>
<tr><td>违章情况</td><td colspan="4">□ 6. 施工作业期间着装不合要求
□ 7. 进入施工现场不戴安全帽或戴安全帽不规范
□ 8. 高处作业不按规定正确使用或不使用安全带
□ 9. 站在梯子上工作时不使用安全带
□ 10. 线路停电、验电时没戴绝缘手套
□ 11. 高、低压停电工作，挂接地线前不验电
□ 12. 停电后，对停电设备不挂标示牌
□ 13. 操作高压丝具不按规定顺序进行
□ 14. 工作无计划，班站擅自安排工作
□ 15. 工作期间饮酒或酒后从事电力生产工作
□ 16. 接受命令后不复诵即行操作
□ 17. 用缠绕的方法装设接地线
□ 18. 移开或越过遮栏工作
□ 19. 在室外高压设备上工作时，四周不设围栏
□ 20. 工作票未经许可，工作人员就提前进入施工现场工作或做准备工作
□ 21. 对投运的闭锁装置随意退出或闭锁
□ 22. 未采取防倾倒措施登杆作业
□ 23. 登杆前不检查登杆工具
□ 24. 新立电杆未夯实牢固便登杆作业
□ 25. 作业中随意从高处跳下
□ 26. 工作时个人工具携带不全
□ 27. 工作负责人不到或中途离开工作现场
□ 28. 工作人员未全部下杆就拆除接地线
□ 29. 误登带电设备或杆塔
□ 30. 接地线放错位置，不能对号入座
□ 31. 设备检修后没进行设备验收
□ 32. 约时停送电
□ 33. 没有防小动物措施
□ 34. 雷雨天气不穿绝缘靴巡视室外高压设备
□ 35. 装设接地线时，接地极插入地面深度不够
□ 36. 使用超过试验周期的安全工器具
□ 37. 不采取安全措施，在带电线路上方穿越放、收导线
□ 38. 拉高压丝具操作任务完成后未将丝具管摘下妥善保管
□ 40. 高处作业不使用工具袋，上下取物不用绳索，随意上下抛物及工具
□ 39. 在放线跨越施工中，与邻近的带电部位小于安全距离
41. 除上以外，还违反习惯性违章 200 例中的________________
________________________</td></tr>
<tr><td>处理意见</td><td colspan="4"></td></tr>
<tr><td rowspan="3">违章概况</td><td>所在部门</td><td></td><td>部门负责人</td><td></td></tr>
<tr><td>所在班组（队）</td><td></td><td>班组负责人</td><td></td></tr>
<tr><td>违章人员</td><td colspan="3"></td></tr>
<tr><td>检查人员</td><td colspan="2"></td><td colspan="2">签发人：　　日期：_____年____月____日</td></tr>
</table>

六、行为安全观察卡

行为安全观察卡

观察核查表

☑有不安全因素左侧打　完全安全右侧打☑

	人员的反应	
	改正个人防护装备	
	改变工作位置	
	重新安排工作	
	停止作业	
	装上接地线	
	电源箱（柜）上锁	
	个人防护用品	
	头部	
	眼部及脸	
	耳部	
	呼吸系统	
	臂部及手	
	躯干	
	腿部及脚	
	人员的位置	
	碰砸到物体	
	被物体砸到	
	陷入物体之内之上或之间	
	坠落	
	接触到极端温度（过热或过冷）	
	接触电流	
	吸入有害物质	
	吸收有害物质	
	吞下有害物质	
	荷重过度	
	反复的动作	
	不良的位置 / 固定的姿势	
	工具或设备	
	使用工具或设备不正确	
	工具或设备使用不当	
	所使用的工具或设备状况不良	
	程序与秩序	
	程序不适合此工作	
	程序不被所有相关者知道 / 了解	
	知道并了解程序，但未遵守	
	秩序标准不适合此工作	
	秩序标准不被所有相关者知道 / 了解	
	知道并了解标准，但未遵守	

观察报告

· 所观察的不安全行为

· 即刻的纠正行为

· 预防再发生的行为

· 所观察的安全行为

· 鼓励继续安全行为所采取的行动

观察区域：
相关人员：□员工　□相关方（打√）
观察日期：______年____月____日
所有时间：______分钟
观察人员：______________________________

注意：多个观察人请用逗号区分。

第八章

事故应急演练

第一节 事故应急演练管理要点

一、制订应急计划

为了避免突发事故时的慌乱，企业必须做好应急预案，以便及时合理地处理安全事故。

1. 应急计划的依据——危险评估

（1）在制订应急计划之前，企业应系统地确定和评估在其设施上能产生什么样的事故，并导致紧急事件。

（2）现场和场外应急计划分析应基于那些容易产生的事故，但其他虽不易产生却会造成严重后果的事故也应考虑进去。

（3）企业所做的潜在事故分析应指明：

① 被考虑的最严重事件。

② 导致那些最严重事件的过程。

③ 非严重事件可能导致严重事件的时间间隔。

④ 如果非严重事件被中止，它的规模如何。

⑤ 事件相关的可能性。

⑥ 每一个事件的后果。

如果有必要，应从供货商处索取危险物质的危害性说明。

2. 现场应急计划

（1）制订计划的依据。

① 现场应急计划应由企业准备并应包括重大事故潜在后果的评估。

② 制订计划的依据为危险评估即事故后果分析，包括对潜在事故的描述、对泄漏物质数量的预测、对泄漏物质扩散的计算及有害效应的评估。

（2）现场应急计划包括的内容。

① 潜在事故性质、规模及影响范围。

② 危险报警和通信联络步骤和方法。

③ 与政府及各紧急救援服务机构的联系。

④ 现场事件主要管理者（总指挥）及其他现场管理者的职权。

⑤ 应急控制中心的地点和组织。

⑥危险现场人员的撤离步骤。

⑦非现场但可能影响范围内人员的行动原则。

⑧设施关闭程序。

⑨节假日等特殊情况的安排。

3. 应急计划的注意事项

（1）每一个危险设施都应有一个现场应急计划。

（2）应急计划由企业制订并实施。

（3）企业负责人应确保应急所需的各种资源（人、财、物）及时到位。

（4）企业负责人应与紧急服务机构共同评估是否有足够的资源来执行这个计划。

（5）应急计划要定期演习。

（6）确保现场人员和应急服务机构都知晓。

（7）应急计划要根据内外情况的变化进行评估和修订。

4. 计划评估与修订

（1）在制订计划和演练过程中，企业应让熟悉设施的工人包括相应的安全小组一起参与。

（2）企业应让熟悉设施的工人参加应急计划的演习和操练；与设施无关的人，如高级应急官员、政府监察员也应作为观察员监督整个演练过程。

（3）每一次演练后，企业应核对该计划是否被全面检查并找出缺点。

（4）企业应在必要时，修订应急计划以适应现场设施和危险物的变化。

（5）这些修订应让所有与应急计划有关的人知晓。

二、设置应急管理组织

企业在实施应急计划的管理中，必须明确各个岗位的责任人及其职责。

1. 应急控制中心

它是具体组织实施应急预案的指挥中心，应备好以下应急资源：

（1）足够的内外线电话和无线通信设备。

（2）危险物质数据库，包括危险物质名称、数量、存放地点及其物理化学特性。

（3）救援物资数据库，包括应急救援物资和设备名称、数量、型号大小、存放地点、负责人及调动方式。

（4）设施示意图，包括救援设备存放点、消防系统、污水和排水系统、设施接口等。

（5）风速、风向和气温等测量仪器。

（6）个人防护和其他救护设备。

（7）厂内员工名单表。

（8）关键岗位人员的住址和联系方式。

（9）现场其他人员名单，如承包商和参观者等。

（10）当地政府和紧急服务机构的地址和联系方式。

（11）应急与事故处理法规标准手册。

企业应把应急控制中心设在风险最小的地方并确定另外一个应急中心，因为主控制中心有可能被有毒气体笼罩而不能使用。

2. 现场管理者

作为应急计划的一部分，企业应委派一名现场事件管理者（如果必要，委派一名副手），以便及时地采取措施控制、处理事故。

（1）现场事件管理者的责任。

- 评估事件的规模（为内部和外部应急机构）
- 建立应急步骤以确保员工的安全，减少设施和财产的损失
- 在消防队到来之前，（如有必要）直接参与救护与灭火活动
- 安排寻找受伤者
- 安排非重要人员撤离到集中地带
- 设立与应急中心的通信联系点
- 在现场主要管理者到来之前担当起其责任
- 如有要求，应给应急服务机构提供建议和信息

（2）现场事件管理者应从服装或帽子的穿戴上就很容易辨认。

（3）现场主要管理者的责任。

责任一	决定是否存在或可能存在重大紧急事故，要求应急服务机构帮助，并实施场外应急计划
责任二	在受影响以外的地方，尝试进行设施的直接操作控制
责任三	继续复查和评估事件的可能发展方向，以决定事情可能的发展过程

责任四	指导设施的部分停工，并与现场事件管理者和关键人员配合，指挥这些设施从现场撤离
责任五	确保任何伤害都能得到足够的重视
责任六	与消防人员、地方政府监察员取得联系
责任七	在设施内实施交通管制
责任八	对保持紧急情况的要做好记录以便有据有查
责任九	给新闻媒介发送有权威的信息
责任十	在紧急状态结束之后，做好受影响地点的恢复工作

三、应急培训与演习

企业应要求员工必须掌握一定的应急知识，因而进行培训和演习对于处置紧急事故、防止和减少伤亡事故有着很重要的意义。

1. 应急培训

应急计划确立后，要按计划组织企业的全体人员进行有效的培训，从而使其具备完成其应急任务所需的知识和技能。培训的主要内容有：

（1）事故报警。

（2）紧急情况下人员的安全疏散。

（3）现场抢救的基本知识。

（4）灭火器的使用以及灭火步骤的训练。

（5）对危险源的突显特性进行辨识。

2. 应急程序演习

经过有效的培训后，企业应定期组织应急演习，以检查事故期间通信系统是否能运作，并熟悉应急措施。可以每年演练一次，也可以根据企业情况适当增加演练次数。

四、应急措施的实施

应急预案必须完整，并具有可实施性。一旦发生事故，企业就要按照预案采取相应措施进行处理。

1. 应急处理原则

（1）企业发生重大事故后，抢救受伤人员是第一位的任务。现场指挥人员要冷静沉着地对事故和周围环境做出判断，并有效地指挥所有人员在第一时间内积极抢救伤员，安定人心，消除人员恐惧心理。

（2）事故发生后要快速地采取一切措施防止事故蔓延和二次事故的发生。

（3）要按照不同的事故类型，采取不同的抢救方法；针对事故的性质，迅速做出判断，切断危险源头再进行积极抢救。

（4）事故发生后，要尽最大努力保护好事故现场，使事故现场处于原始状态，为以后查找原因提供依据。这是现场应急处置的所有人员都必须明白并严格遵守的重要原则。

（5）发生事故的部门要严格按照事故的性质及严重程度，遵循事故报告原则，快速向上级主管报告。

2. 报警信息传递

（1）企业应能将任何突发的事故或紧急状态迅速通知所有有关人员和非现场人员，并做出安排。

（2）企业应将报警步骤告知所有人员，以确保能尽快采取措施，控制事态的发展。

（3）企业应根据设施规模考虑紧急报警系统的需求。

（4）企业应在多处安装报警系统，并达到一定的数量，这样才能确保报警系统发挥作用。

（5）在噪声较大的地方，企业应考虑安装显示性报警装置，以提醒现场的操作人员。

（6）在工作场所警报响起来时，为能尽快通知应急服务机构，企业应保证有一个可靠的通信系统。

3. 现场临时措施

（1）现场应急计划的首要任务是控制和遏制事故，从而防止事故扩大到附近的其他设施，以减少伤害。

（2）企业应在应急计划中包含足够的灵活性，以保证在现场能采取合适的措施和决定。

（3）企业应考虑在应急计划中如何进行下列工作：

工作一	非相关人员可沿着具有清晰标志的撤离路线到达预先指定的集合点
工作二	指定某人记录所有到达集合点的人员，并将此信息告知应急控制中心

工作三	指定控制中心某岗位员工专岗核对与事故有关的并已到达集合点的人员名单，然后再核对那些被认为是还停留在现场的人员名单
工作四	由于节日、生病和当时现场人员的变化，需根据不在现场人员的情况，更新应急控制中心所掌握的人员名单
工作五	对相关人员做好记录，包括其姓名、地址，并保存在应急控制中心并定期更新
工作六	在紧急状态的关键时期，授权披露有关信息，并指定一名高级管理者作为该信息的唯一发布人
工作七	在紧急状态结束后，恢复步骤中应包括对再次进入事故现场的指导

第二节 事故应急演练管理制度

一、安全生产事故应急预案

标准文件		安全生产事故应急预案	文件编号	
版次	A/0		页次	

1 总则

1.1 编制目的

规范安全生产事故的应急管理和应急响应程序，及时有效地实施应急救援工作，最大程度地减少人员伤亡、财产损失，维护员工的生命安全，维持正常的安全生产秩序。

1.2 编制依据

依据《安全生产法》《职业病防治法》《消防法》《特种设备安全监察条例》《危险化学品安全管理条例》《生产经营单位安全生产事故应急预案编制导则》等法律法规及有关规定，特制订本预案。

1.3 适用范围

本预案适用于本企业安全生产事故救援工作。

1.4 应急预案体系

根据本企业管理体系及行业特点，应急预案体系包括综合应急预案、专项应急预案和现场处置方案。

（1）综合应急预案：规定本企业应急组织机构和职责、应急响应原则、应急管理程序等内容。

（2）专项应急预案：根据本企业生产加工特点，为应对几种安全事故类型所设。

（3）现场处置方案：针对具体的部位、设备设施、事件及灾害所制订的应急处置措施。

1.5 应急工作原则

遵循快速反应、统一指挥、企业自救与专业应急救援相结合的原则。

2. 生产经营单位的危险性分析

2.1 生产经营单位概况

略。

2.2 危险源与风险分析

略。

3. 组织机构及职责

3.1 应急组织体系

3.1.1 事故应急救援工作在企业领导统一领导下，各部门分工合作，各司其职，密切配合，迅速、高效、有序地开展。

3.1.2 成立事故应急指挥部。总指挥由总经理担任，副总指挥由副总经理担任，成员由生产部、保卫部、设备部、技术部、材料部以及各车间负责人组成。

3.2 指挥机构及职责

3.2.1 应急指挥部。

（1）负责组织各部门制订应急抢救预案。

（2）负责统一部署应急预案的实施工作及紧急处理措施。

（3）负责调用本企业范围内各类物资、设备、人员和场地。

（4）负责组织人员和物资疏散工作。

（5）负责配合上级部门进行事故调查处理工作。

（6）负责做好稳定生产秩序和伤亡人员的善后及安抚工作。

（7）负责组织预案的演练，及时地对预案进行调整、修订和补充。

3.2.2 应急指挥部办公室。

（1）应急指挥部办公室是本企业应急指挥部的日常办事机构，负责平时的应急准备，以及报告、信息报送、组织联络及协调各部门。

（2）负责与外界的渠道沟通，引导公众舆论。

3.2.3 抢险、抢修组（设备部）。

由设备部牵头，各部门配合组成。该组成员要熟悉事故现场、地形、设备、工艺，在具有防护措施的前提下，必要时深入事故发生中心区域，关闭系统，抢修设备，防止事故扩大，降低事故损失，抑制危害范围的扩大，并负责事故调查工作。

3.2.4 消防治安组（保卫部）。

（1）由保卫部牵头各部门配合组成。

（2）负责维持厂区治安，按事故的发展态势有计划地疏散人员，控制事故区域人员、车辆的进出。

（3）负责对火灾、泄漏事故的灭火、堵漏等任务，并对其他具有泄漏、火灾、爆炸等潜在危险点进行监控和保护；负责应急救援、采取措施防止事故扩大，造成二次事故。

（4）负责有关事故直接责任人的监护。

（5）参加事故调查。

3.2.5 后勤保障组（材料部）。

负责为急救行动提供物质保证，包括应急抢险器材、救援防护器材、监测分析器材等。

3.2.6 专家顾问组（自动化室）。

（1）负责提供事故应急救援的技术支持。

（2）在有毒物质泄漏或火灾中产生有毒烟气的事故中，负责侦察、核实、控制事故区域的边界和范围，并掌握其变化情况。

3.2.7 善后处理组（厂部办公室）。

负责组织落实救援人员后勤保障和善后处理工作。

3.2.8 通信救护组（生产部）。

（1）负责及时地将所发生的事故情况报告主管副总经理。

（2）负责向上级部门报告，并负责联络相关救援人员及时到位。

（3）负责对受伤人员实施医疗救护，提供运送车辆，联系确定治疗医院，办理相关手续。

（4）负责提出危险品储存区域及重点目标的建议。

（5）负责各专业救援组与总调度室和领导小组之间的通信联络。

（6）负责配合重大事故调查工作。

4. 预防与预警

4.1 危险源监控

4.1.1 高处坠落及物体打击事故预防监控措施：

（1）认真贯彻执行有关安全操作规程。

（2）吊装作业人员必须持证上岗。

（3）高空作业要有有效可靠的防护设施。

（4）吊装设备配备齐全有效限位装置。运行前，对超高限位、制动装置、断绳保险等安全设施进行检查。吊钩要有保险装置。

（5）吊运工作要保证物料捆绑牢固，不能超吊。

（6）禁止操作故障设备。

4.1.2 机械伤害事故预防监控措施：

（1）按技术性能要求正确使用机械设备，随时检查安全装置是否失效。

（2）按操作规程进行机械操作。

（3）处在运行和运转中的机械严禁进行维修、保养或调整等作业。

（4）按时进行保养，发现有漏保、失修或超载带病运转等情况时停止其使用。

4.1.3 火灾事故预防监控措施：

（1）对车间、仓库、生活区、食堂等进行经常性的安全防火检查。

（2）配置安装短路器和漏电保护装置，在一些重要的场所安装带报警装置的漏电保护器。

（3）在车间、仓库易燃区域安装火灾报警装置及火灾喷淋装置。

（4）严格控制明火作业和杜绝吸烟现象。

（5）定期对高大设备的防雷接地进行检查、检测。

（6）存放易燃气体、易燃物仓库内的电气装置采用防爆型装置。

4.1.4 触电预防措施：

（1）用电设备及用电装置按照国家有关规范进行设计、安装及使用。

（2）非电工人员严禁安装、接拆用电设备及用电装置。

（3）严格对不同环境下的安全电压进行检查。

（4）带电体之间、带电体与地面之间、带电体与其他设施之间、工作人员与带电体之间必须保持足够的安全距离，进行隔离防护。

（5）在有触电危险的处所设置醒目的文字或图形标志。

（6）设备的金属外壳采用保护接地措施。

（7）供电系统正确采用接地系统，工作零线和保护零线区分开。

（8）漏电保护装置必须定期进行检查。

4.1.5 中毒预防措施：

（1）操作人员应在地下管道作业前进行毒气试验和配备通风设施。

（2）现场严禁焚烧有害有毒物质。

（3）夏天要合理安作息时间，防止中暑脱水现象发生。

（4）工人冬季用煤火取暖时必须安装风斗。

4.1.6 易燃易爆危险品引起火灾、爆炸事故预防监控措施：

（1）使用挥发性、易燃性等易燃易爆危险品的现场不得使用明火或吸烟，同时应加强通风，使作业场所有害气体浓度降低。

（2）焊割作业点与氧气瓶、乙炔气瓶等危险品的距离不得少于10米，与易燃易爆物品的距离不得少于30米。

4.2 预警行动

接警人员接到报警后，应迅速地向指挥部负责人报告，报告的内容包括发生事故的部门、时间、地点、性质、类型、受伤人员情况、事故损失情况、需要的急救措施及到达现场的路线方式，指挥部启动应急预案，通知相关专业组赶赴现场，实施救援，并视情况向街道（地区）办事处上级管理部门报告。

4.3 信息报告与处置

4.3.1 信息报告与通知。

（1）应急指挥部办公室设立值班室，保证值班人员24小时值班。值班室应明示应急组织通信联系人及电话等。

（2）突发安全事故发生时，事故现场有关人员应立即迅速报告应急指挥机构（应急指挥部办公室）。

（3）应急指挥部办公室值班人员接警后，立即将警情报告应急指挥部办公室主任、副主任；特别重大事故，可直接向应急指挥中心总指挥、副总指挥及相关部门负责人报告，同时按规定向街道（地区）办事处上级主管单位报告。

4.3.2 信息上报。

（1）事故发生后，指挥部应立即上报主管部门和政府相关部门。

（2）信息上报内容包括：部门发生事故概况；事故发生时间、部位以及事故现场情况；事故的简要经过；事故已经造成的伤亡人数（包括下落不明的人数）和初步统计的直接经济损失；已经采取的措施等。

（3）根据事故性质，应急指挥中心按照国家规定的程序和时限，应及时地向政府有关部门报告。

4.3.3 信息传递。

事故现场第一发现人员→应急指挥部办公室→兼职应急救援人员→安全生产事故应急组织→有关车间、部门。

5. 应急响应

5.1 响应程序

部门应急响应的过程为接警、应急启动、控制及应急行动、扩大应急、应急终止、后期处置。

5.2 处置措施

5.2.1 部门突发事故发生后，由现场应急指挥部根据事故情况开展应急救援工作的指挥与协调，通知各部门及应急抢救队伍赶赴事故现场进行事故抢险救护工作。

5.2.2 各部门接到现场应急指挥部指令后，要立即响应，派遣事故抢险人员、物资设备等迅速到达指定位置聚集，并听从现场总指挥的安排。

5.2.3 现场指挥部按本预案确立的基本原则、专家建议，迅速组织应急救援力量进行应急抢救，并且要与参加应急行动的部门保持通信畅通。

5.2.4 当现场现有应急力量和资源不能满足应急行动的要求时，要及时地向街道（地区）办事处和上级主管部门报告请求支援。

5.2.5 事故发生时，必须保护现场，对危险地区周边进行警戒封闭，按本预案营救、急救伤员和保护财产。如若发生特殊险情时，应急指挥中心在充分考虑专家和有关方面意见的基础上，可依法及时地采取应急处置措施。

5.2.6 医疗卫生救助事故发生时，要拨打“120”并及时赶赴现场开展医疗救治、疾病预防控制等应急工作。

5.3 事故现场处置

5.3.1 触电事故现场处置：一旦发生触电伤害事故，首先是使触电者迅速地脱离电源（方法是切断电源开关，用绝缘物体将电源线从触电者身上拨离或将触电者拨离电源），其次是将触电者移至空气流通好的地方，情况严重者，就地采用人工呼吸法和心脏按压法抢救，同时就近送医院。

5.3.2 高处坠落现场处置：急救员边抢救边就近送医院。

5.3.3 机械伤害事故现场处置:对于一些微小伤,急救员可以进行简单的止血、消炎、包扎并就近送医院。

5.3.4 食物中毒事故现场处置：一旦发生食物中毒事故，应刺激病人喉部使其呕吐，并立即送医院抢救，向当地卫生防疫部门报告，保留剩余食品以备检验。

5.3.5 火灾事故现场处置。

（1）迅速切断电源，以免事态扩大，切断电源时应戴绝缘手套，使用有绝缘柄的工具。当火场离开关较远时需剪断电线时，火线和零线应分开错位剪断，以免在钳口处造成短路，并防止电源线掉在地上造成短路使人员触电。

（2）当电源线因其他原因不能及时地切断时，要一方面派人去供电端拉闸，一方面灭火，注意人体的各部位与带电体保持一定的安全距离。

（3）发生电气火灾时要用绝缘性能好的灭火剂如干粉灭火机、二氧化碳灭火器、1211 灭火器或干燥的沙子，严禁使用导电灭火剂扑救。

（4）气焊中，氧气软管着火时，不得折弯软管断气，应迅速关闭氧气阀门停

止供氧。乙炔软管着火时，应先关熄炬火，可用弯折前面一段软管的办法将火熄灭。

（5）一般情况下发生火灾，工地可先用灭火器将火扑灭，如情况严重须立即拨打“119”报警，讲清火险发生的时间、地点、情况、报告人及名称等。

5.3.6 燃气系统故障现场处置

（1）当发生燃气泄漏、阀门脱落等事故时，应立即切断周围电源，断绝火种。

（2）设备科接到报警后，应立即组织有关人员组成抢险小组，携带必备专用工具赶赴现场查看；根据具体位置，关闭区域或总阀门；开展抢险工作。

（3）安全保卫部接到报警后要迅速赶到现场，划定警戒区域，严格控制出入人员，如有人负伤应迅速地进行抢救。

（4）进入事故现场的所有人员，应关闭手机、对讲机；如需用照明应先将手电、应急灯打开，再进入现场；穿着化纤、毛制品、带有铁掌的鞋的人员不准进入现场。

（5）用防爆风扇或消火栓的开花水枪出水，冲淡燃气泄漏气体，避免爆炸。

（6）在排险能力有限的情况下，应迅速拨打“119”燃气公司电话报警，请求协助排险。

（7）总经理或总值班员接到报警后，应迅速到达事故现场了解情况，并根据事故的程度决定是否立即上报有关部门，决定是否采取有关疏散措施。

（8）事故处理后要及时地写出书面报告，向上级有关部门报告。

5.4 应急结束

5.4.1 经应急处置后，企业应急救援指挥中心确认满足专项预案终止条件时，可下达应急终止指令。

5.4.2 应急结束后，将事故情况上报；向事故调查处理小组移交所需有关情况及文件；写出事故应急救援工作总结报告。

6. 信息发布

企业应急指挥部办公室负责企业应急响应行动的媒体采访接待工作，确定采访和新闻发布内容，也可授权企业其他部门负责采访接待工作。

7. 后期处置

7.1 事故处理完成后，主管部门要写出报告（总结），包括事故经过、事故发生原因、处理过程、经验教训、人员伤亡、损失大小情况、事故直接损失、间接经济损失、奖罚人员名单等，上报上级有关部门，并在厂办公室存档备案。

7.2 事故调查报告批复后，应根据事故调查报告对事故责任人的处理和事故防范措施进行积极的落实，立即进行生产秩序恢复前的污染物处理、必要设备设施的抢修、人员情绪的安抚及抢险过程应急抢救能力评估和应急预案的修订工作。

8. 保障措施

8.1 通信与信息保障

明确与应急工作相关联的单位、人员通信联系电话，包括当地人民政府、医院、派出所的联系人及备用联系人的电话。

8.2 应急队伍保障

8.2.1 抢险、抢修组由设备部全体人员组成。由设备科负责人负责领导。

8.2.2 义务消防救援队由企业保安人员组成，由安全保卫部负责领导。抢险、抢修组和义务消防队要定期进行培训和演练。

8.3 应急物资装备保障

应急物资装备主要包括灭火器、消防桶、消火栓、警戒用品（带明显标志的警戒绳等）、交通用具（救护车或应急交通运输车辆）等，须明确这些装备的型号、数量、存放位置、管理责任人及电话。

8.4 经费保障

8.4.1 应急专项经费由安全费用款项中支出。

8.4.2 使用范围：应急救援；数额：××元。

8.5 其他保障

8.5.1 应急指挥中心设在总经理办公室。

8.5.2 应急指挥中心应日常备用一辆应急交通运输车辆，或备用的车辆只承担距企业较近的运输任务，并留好司机电话，一旦应急事故发生，可通知司机速回。

8.5.3 应急指挥中心应当常备用于应急突发事故的警戒带，一旦发生突发事故，可在事故现场治安警戒使用。

8.5.4 应急指挥中心应当常备医疗急救用品。

8.5.5 安全负责人应每周对全厂的消防器材进行检查、保养、维护。定期更换灭火器，清除消防器材前及安全通道的遮挡物，保持消防器材应急使用及安全通道畅通。

9. 培训与演练

9.1 培训

企业在年初制订生产计划的同时也应制订应急突发事故培训计划。培训方式包括：防火、疏散及有关抢救知识辅导，有奖知识问答，灭火器的使用等。要求每名员工有自我保护意识，会正确使用灭火器。

9.2 演练

9.2.1 各部门、车间等每年由厂安全生产第一责任人组织至少开展一次事故应急演练，必须做到有方案、有记录、有总评、有考核，演练结束后对演练进行

评估及总结。

9.2.2 企业每年由安全生产第一责任人组织一次全厂范围的综合模拟突发事故安全应急演练，检验指挥系统及现场抢救、疏散、响应能力。

9.2.3 各抢救组成员必须熟悉各自的职责，做到动作快、技术精、作风硬。根据实际演练情况，查找不足，总结经验，不断地完善事故应急预案。

9.2.4 演练结束后对演练进行评估及总结，及时地修正及弥补应急突发事件抢救预案的缺陷。

10. 应急组织纪律与奖惩

10.1 应急组织纪律

10.1.1 应急组织机构的全体成员，应树立“接到报警就是命令”的观点。

10.1.2 应当树立“以人为本”的思想。

10.1.3 在应急组织机构内，当正职休假或开会外出时，副职必须承担起正职应当承担的责任。

10.1.4 在抢险救灾过程中，应当勇敢、科学、冷静，而不能盲目、蛮干。遇到有毒有害物质或有其他潜在危险时，必须有防范措施或请专业队伍进行抢险工作。

10.1.5 在抢险救灾过程中，必须听从指挥。

10.2 奖励

10.2.1 对于抢险救灾过程中表现勇敢、机智、成绩突出人员，应给予表扬或奖励。

10.2.2 对于抢险救灾中受到伤害的员工，按照工伤条例处理。

10.3 处罚

10.3.1 对于抢险救灾过程中无故不到位或迟到及临阵逃脱者，将给予行政处分。

10.3.2 对于抢险救灾过程中不服从命令的，将给予罚款处分。

拟定		审核		审批	

二、年度应急避险培训计划

标准文件		年度应急避险培训计划	文件编号	
版次	A/0		页次	

1. 目的

为了进一步增强职工安全意识，提高现场应急处置能力，消除和减少安全事故造成的人员伤亡和财产损失，根据《中华人民共和国突发事件应对法》《中华人民共和国安全生产法》《国家安全生产事故灾难应急预案》等有关规定，特制订本计划。

2. 编制依据

依据《国家安全生产事故灾难应急预案》《中华人民共和国突发事件应对法》《中华人民共和国安全生产法》等相关法律、法规以及本公司《安全生产事故应急救援预案》《应急救援演习计划》等有关规定，特制订本培训计划。

3. 内容

3.1 培训要求。

3.1.1 统一领导分级负责。实行公司、部门、班组培训分级管理，建立健全完善的应急培训体系。

3.1.2 依靠科学，依法规范。采用先进的技术和装备，充分发挥领导、专兼职讲师的作用，做好事故应急知识培训工作。

3.2 培训对象：公司全体职工。

3.3 培训目标：建立健全突发事件应急避险培训机制，及时、有序、高效、妥善地处置安全生产突发事件，使员工掌握应急避险知识，最大限度地降低人员伤亡和财产损失，维护公司安全稳定。

3.4 培训方法：讲授、看宣传教育片。

3.5 培训内容：应急处置及人员救护，易燃易爆物品事故紧急避险知识，职业病危害事故，锅炉、压力容器及其他特种设备爆炸事故应急避险知识。

3.6 培训场所：电教室。

3.7 管理措施。

3.7.1 各部门负责人必须高度重视此项培训，认真组织人员积极参加。

3.7.2 所有参加培训的人员都必须签到，不得旷课，无故不到一次罚款 ×× 元，如有事需请假时，必须由部门领导批准。

3.7.3 必须遵守课堂纪律，认真听讲，不准接头接耳，课堂上不准开手机。

3.7.4 培训结束后进行考试，不及格者进行补考，并处罚 ×× 元。

拟定		审核		审批	

三、应急预案演练管理办法

<table>
<tr><td>标准文件</td><td></td><td rowspan="2">应急预案演练管理办法</td><td>文件编号</td><td></td></tr>
<tr><td>版次</td><td>A/0</td><td>页次</td><td></td></tr>
</table>

1. 目的

为了保障公司应急预案演练的顺利进行，达到应急预案演练的目的，特制定本办法。

2. 适用范围

适用于公司的应急预案演练管理。

3. 定义

3.1 综合应急预案：是从总体上阐述事故的应急方针、政策，应急组织结构及相关应急职责，应急行动、措施和保障等基本要求和程序，是应对各类事故的综合性文件。

3.2 专项应急预案：是针对具体的事故类别（如火灾爆炸、危险化学品泄漏等事故）、危险源和应急保障而制订的计划或方案，专项应急预案应制订明确的救援程序和具体的应急救援措施。

3.3 现场处置方案：是针对具体的装置、场所或设施、岗位所制订的应急处置措施。现场处置方案应具体、简单、针对性强，并通过应急演练做到迅速反应、正确处置。

4. 职责

4.1 公司安全主管部门

4.1.1 负责制订各种应急预案演习年度计划。

4.1.2 制定完善的应急演练管理办法，定期组织开展生产安全事故应急预案演练（以下简称“应急演练”）。

4.1.3 负责各应急演练部门的沟通协调，确认落实演练活动前的准备工作。

4.1.5 负责监督应急预案演练实施的实效性，并根据相关规定进行处理。

4.2 各应急演练部门

4.2.1 演练单位综合部。

（1）负责疏散集结位置的预留。

（2）负责演练的文字记录及图像摄影，并做演练总结提交职业健康安全主管部门存档。

（3）负责演练前的物品、器材等的准备工作。

（4）负责组织召开演练前的动员会，发布演练通知，并对各负责内容进行分配指导。

（5）负责应急预案的培训工作。

4.2.2 演练的其他相关部门。

（1）积极配合安全部门的演练工作安排。

（2）负责引导本部门员工疏散管制。

（3）负责本部门员工集结后的清点、汇报工作。

4.3 安全管理部

4.3.1 根据演练安排或者演练内容，协助完成对本职责范围内的人员、物资疏散管制。

4.3.2 协助预防在演练过程中导致意外事故发生的临时处置，包括对重点事故易发生点的管控。

4.3.3 保安队负责担当应急预案演练各应急小组职能，调配保安人员工作任务，并监督执行。

4.4 其他人员

4.4.1 积极配合本次应急演练活动任务，不得无故破坏、扰乱活动秩序。

4.4.2 听从演练工作人员的指引和安排。

5. 内容

5.1 应急演练的管理

5.1.1 公司应当经常地开展和组织生产安全应急演练，通过应急演练，提高员工突发事件现场处置自救互救能力和本公司整体应急响应能力。

（1）演练工作的组织管理。结合本公司应急预案中规定的应急救援组织和职责，明确应急演练工作的负责部门，规定主要负责人、安全生产应急管理部门和相关管理部门以及基层车间、班组等的演练管理职责。

（2）演练的实施。结合本公司安全生产特点和应急预案中规定的演练要求，明确开展应急演练工作的总体要求和演练的计划、准备、实施、总结等各环节的工作要求。

（3）演练的保障措施。针对整体、单项等不同形式的应急演练，提出保障演练所需的人员、设备、场地、经费和演练过程中的安全等要求，并明确具体保障措施和相关部门人员职责。

（4）演练的总结和考核。明确演练总结工作的内容和要求，提出本公司相关部门和从业人员演练开展情况的考核内容和标准，建立通过演练整改问题、完善预案的工作机制。

5.1.2 公司在制订年度安全生产工作计划的同时，也应当将年度应急演练工作计划纳入其中，主要内容包括：

（1）年度计划开展的整体、单项演练次数。

（2）每次演练的目的、规模、参加人员范围等情况说明。

（3）演练的组织、准备、实施要求和进度安排等。

（4）演练的费用计划。

5.2 应急演练的基本要求

5.2.1 公司根据应急演练坚持预防与应对并举、重在预防的原则，应满足下列要求。

（1）各部门根据生产危险性及人口密集情况应当每年至少组织1次现场应急演练。

（2）重点事故防控部门应结合本部门安全生产特点，适当增加应急演练的频次。

（3）涉有毒化学品部门每年夏季前应组织以处置有毒化学品泄漏事故的专项演练或现场处置演练。

（4）人员密集场所（消防重点部门和涉及高楼层的密集场所）根据本部门实际，每半年适时组织不少于1次的以人员疏散为主的专项应急演练。

（5）各部门应加强专、兼职应急救援人员的应急培训和演练，保证应急救援人员具备相应的应急处置能力。

5.2.2 公司应加强对重点岗位和危险区域的监控和管理，特别是针对危险化学品贮罐区（贮罐）、库区（库）和压力管道、压力容器等可能存在的生产安全事故风险应制订专门的应急处置方案，并定期开展现场处置方案演练。

5.2.3 针对存在的可能危及本公司外部的风险制订应急预案，应将本公司预案与可能危及的外部项目名称及属地政府预案相衔接，并有针对性地联合开展应急预案演练。

5.2.4 各生产部门应根据年度应急演练工作计划，并结合本部门安全生产工作实际，积极组织开展以现场应急处理、疏散演练为主的专项应急演练。

5.3 应急演练的组织实施

5.3.1 公司在开展应急演练前，应成立演练小组，组织协调参演部门和人员，必要时聘请专家指导，共同完成应急演练的准备、实施、评估、总结和改进工作。

5.3.2 公司结合应急预案制订演练方案，需明确以下内容：

（1）演练目的。从提高本公司生产安全事故自救能力出发，针对本公司生产安全事故预防和处置实际工作，明确演练要解决的问题和期望达到的效果。

（2）模拟事故背景。针对本公司危险性较大的场所、设备和岗位等，结合生产安全事故案例，明确演练所模拟的事故情况，包括事故的类型、时间地点、报警情况、事故发展态势、已造成的人员伤亡和财产损失情况以及影响事故处置的其他因素等。

（3）演练的范围。包括参演部门、人员和演练所涉及的场所、设备等。

（4）演练的实施。按时间顺序制订演练的具体实施程序，每项程序要包括实施人员、实施内容、时间安排和概要说明等。

（5）考核标准。根据预案和演练目标，对演练完成情况制定考核评估标准，考核评估对象的演练整体情况、参演人员的情况和有关应急救援设备的运行情况以及演练的实际效果等。

5.3.3 演练部门在演练前，应充分考虑演练实施过程中可能产生的突发情况，制订演练安全注意事项或有针对性的预防措施，确保参演、观摩人员的安全。

（1）安排专门人员（保安）维护现场秩序，避免意外情况。

（2）加强重点区域、设备等的防护措施，在演练现场设置警示标志，避免影响正常的生产和施工作业。

5.3.4 应急演练实施过程中，公司应分别指定演练总指挥、现场指挥和控制人员等，以保证演练有序地开展。

（1）总指挥：控制演练整体进程，对演练过程中出现的特殊情况做出控制、调整决策。一般由公司主要负责人或技术负责人担任。

（2）现场指挥：监控演练现场进展情况，消除演练进程提前或延迟、纠纷、设备失灵和人员不到位等问题。一般由公司主管安全生产工作的负责人或安全生产管理部门负责人担任。

（3）控制人员：负责按照演练方案向参演人员传递消息，引导演练进行，并及时地向现场指挥报告演练进展情况和出现的各种问题。一般由公司综合部或参与演练方案编制的人员担任。

（4）应急演练实施过程中，公司应安排专门人员做好文字、图片和声像的记录工作，必要时安排专业人员进行拍摄记录。

5.4 演练实施流程

5.4.1 安全主管部门须于应急演练前 2 天发送应急演练计划方案到各演练部门。

5.4.2 安全主管部门组织相关部门人员召开演练前的动员会议，部署相关工作及注意配合事项，张贴演练通知，工业安全科指派人员全程跟进。

5.4.3 演练时，各参与人员须提前 20 分钟到达现场。

5.4.4 演练开始，由演练部门组织人汇报情况，现场总指挥下达应急指令。

5.4.5 各应急职能小组依据应急预案响应程序立即实施演练。

5.4.6 应急疏散实施须于预案设定的时间内完成，对于影响应急演练的部门和个人于演练总结时进行通报批评，并根据情况给予相关负责人处罚。

5.4.7 应急疏散集结完毕后，各部门负责人清点人数，由演练部门组织人报总指挥。

5.5 监督检查及考核

公司安全管理部门应加强本公司应急预案演练工作的指导、监督和检查，并进行考核。

5.5.1 对以下不配合或破坏、扰乱应急演练活动的行为人，根据公司《应急救援责任追究与奖惩制度》进行处理：

（1）不配合应急演练，动员会议上相关负责人无故缺勤者；

（2）不积极配合导致演练活动时间没有按原计划时间开展者；

（3）故意破坏、扰乱应急演练活动秩序者；

（4）超过演练设定时限 3 分钟后，仍没有积极疏散到位，疏散过程嘻哈投打闹者；

（5）不听从演练工作人员的指引和安排，故意刁难、诋毁、辱骂，甚至殴打工作人员者。

5.5.2 每次演练结束后，须制定相应的考核评比表格，对演练的实施效果进行考核评比，主要内容包括：

（1）演练开展的整体情况和收到的效果；

（2）演练组织情况；

（3）参演人员的表现；

（4）各演练程序的实施情况和评估结果；

（5）演练中存在的突出问题；

（6）结合实际演练对完善预案的建议和措施。

5.6 演练单位应针对演练中存在的问题，制订和落实完善预案、加强应急管理、改进应急设施设备等的整改措施，明确负责部门、人员、工作进度和整改费用等。

5.7 公司安全管理部门应将演练计划、方案、记录材料和总结报告等资料建立档案，妥善保存，保存期限不应少于两年。

拟定		审核		审批	

第三节 事故应急演练管理表格

一、年度全员应急救援知识培训计划表

年度全员应急救援知识培训计划表

培训时间	上课时间	学习单位	培训内容	培训地点
2 月	08：00-12：00 14：00-18：00		应急处置及人员救护	
3 月	08：00-12：00 14：00-18：00		应急处置及人员救护	
4 月	08：00-12：00 14：00-18：00		易燃易爆物品事故紧急避险知识	
5 月	08：00-12：00 14：00-18：00		易燃易爆物品事故紧急避险知识	
6 月	08：00-12：00 14：00-18：00		特种设备爆炸事故	
7 月	08：00-12：00 14：00-18：00		易燃易爆物品事故紧急避险知识	
8 月	08：00-12：00 14：00-18：00		特种设备爆炸事故	
9 月	08：00-12：00 14：00-18：00		职业病危害事故	
10 月	08：00-12：00 14：00-18：00		职业病危害事故	
11 月	08：00-12：00 14：00-18：00		易燃易爆物品事故紧急避险知识	

二、应急预案演练记录

应急预案演练记录

预案名称			演练地点	
组织部门		总指挥		演练时间	
参加部门				

续表

<table>
<tr><td colspan="2">演练类别</td><td>□实际演练　□桌面演练　□提问讨论式演练全部预案　□部分预案</td><td>实际演练部分：</td></tr>
<tr><td colspan="2">物资准备和人员培训情况</td><td colspan="2"></td></tr>
<tr><td colspan="2">演练过程描述</td><td colspan="2"></td></tr>
<tr><td colspan="2">预案适宜性充分性评审</td><td colspan="2">适宜性：□全部能够执行　□执行过程不够顺利　□明显不适宜
充分性：□完全满足应急要求　□基本满足，需要完善　□不充分，必须修改</td></tr>
<tr><td rowspan="2">演练效果评审</td><td>人员到位情况</td><td colspan="2">□迅速准确　□基本按时到位　□个别人员不到位　□重点部位人员不到位
□职责明确，操作熟练　□职责明确，操作不够熟练　□职责不明，操作不熟练</td></tr>
<tr><td>物资到位情况</td><td colspan="2">现场物资：□现场物资充分，全部有效　□现场准备不充分　□现场物资严重缺乏
个人防护：□全部人员防护到位　□个别人员防护不到位　□大部分人员防护不到位</td></tr>
<tr><td rowspan="3">演练效果评审</td><td>协调组织情况</td><td colspan="2">整体组织：□准确、高效　□协调基本顺利，能满足要求　□效率低，有待改进
抢险组分工：□合理、高效　□基本合理，能完成任务　□效率低，没有完成任务</td></tr>
<tr><td>实战效果评价</td><td colspan="2">□达到预期目标　□基本达到目的，部分环节有待改进
□没有达到目标，须重新演练</td></tr>
<tr><td>外部支援部门和协作有效性</td><td colspan="2">报告上级：　□报告及时　□联系不上
消防部门：　□按要求协作　□行动迟缓
医疗救援部门：　□按要求协作　□行动迟缓
周边政府撤离配合：　□按要求配合　□不配合</td></tr>
<tr><td colspan="2">存在问题和改进措施</td><td colspan="2"></td></tr>
</table>

记录人：　　　　　　　　　　评审负责人：　　　　　　　　　　日期：

三、应急演练目标评估表

应急演练目标评估表

应急演练科目：　　　　　　　　　　演练地点：

评估部门：　　　　　　　　　　评估日期：______年____月____日

<table>
<tr><th>评估项目</th><th>评估内容及要求</th><th>评估意见</th></tr>
<tr><td rowspan="4">检验预案</td><td>通过开展应急演练，是否对应急预案下列情况进行检查：</td><td>是　否</td></tr>
<tr><td>（1）是否通过开展应急演练，查找应急预案中存在的问题</td><td>□　□</td></tr>
<tr><td>（2）是否提出完善应急预案意见</td><td>□　□</td></tr>
<tr><td>（3）是否提出提高应急预案的实用性和可操作性针对性意见</td><td>□　□</td></tr>
</table>

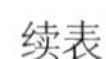
续表

评估项目	评估内容及要求	评估意见
完善准备	通过开展应急演练，是否对应对突发事件下列情况进行检查：	是　否
	（1）应急队伍是否进行配备，是否满足现在应急救援需要	□　□
	（2）是否进行现场应急救援物资、装备储备，是否满足现场应急救援需要	□　□
	（3）是否进行应急救援技术准备，准备情况是否到位	□　□
锻炼队伍	通过开展应急演练，对应急救援队伍是否达到下列锻炼效果：	是　否
	（1）是否增强演练组织部门、参与部门和人员等对应急预案的熟悉程度	□　□
	（2）是否有效提高演练部门、人员应急处置能力	□　□
磨合机制	通过开展应急演练，是否达到下列磨合机制的效果：	是　否
	（1）是否进一步明确相关单位和人员的职责，理顺工作关系	□　□
	（2）是否有效提高应急指挥员的指挥协调能力	□　□
	（3）应急救援机制是否运转有序	□　□
	（4）是否进一步完善应急机制	□　□
科普宣教	通过开展应急演练，是否达到普及应急知识，提高公众风险防范意识和自救呼救等灾害应对能力的目的	是　否 □　□
评估总结及改进建议		
评估人员签字		

四、应急演练组织与实施过程评估表

应急演练组织与实施过程评估表

应急演练科目：　　　　　　　　　　演练地点：
评估部门：　　　　　　　　　　　　评估日期：______年____月____日

评估项目		评估内容及要求	评估意见
1	应急演练目标制定★		是　否
		（1）是否制定应急演练目标	□　□
		（2）应急演练目标是否完善、有针对性	□　□
		（3）演练目标是否可行	□　□

续表

评估项目		评估内容及要求	评估意见
2	应急演练原则★	应急演练原则的制定是否符合下列要求：	是 否
		（1）是否结合实际、合理定位	□ □
		（2）是否着眼实战、讲求实效	□ □
		（3）是否精心组织、确保安全	□ □
		（4）是否统筹规划、厉行节约	□ □
3	应急演练分类★	本次应急演练采用的形式：	① ② ③
		（1）按组织形式划分，本次应急演练类别为：①桌面演练　②实战演练	□ □ □
		（2）按内容划分，本次应急演练类别为：①单项演练　②综合演练	□ □ □
		（3）按目的与作用划分，本次应急演练类别为：①检验性演练　②示范性演练　③研究性演练	□ □ □
4	应急演练计划（方案）★	演练计划（方案）是否符合下列要求：	是 否
		（1）是否根据实际情况，制订应急演练计划（方案）	□ □
		（2）演练计划（方案）是否符合相关法律法规和应急预案规定	□ □
		（3）演练计划（方案）是否符合按照“先单项后综合、先桌面后实战、循序渐进、时空有序”的原则制订	□ □
		（4）演练计划（方案）中是否合理规划应急演练的频次、规模、形式、时间、地点等	□ □
5	应急演练组织机构★	应急演练组织机构是否符合下列要求：	是 否
		（1）是否成立应急演练组织机构	□ □
		（2）应急演练组织机构是否完善，职责是否明确	□ □
		（3）应急演练组织机构是否按照“策划、保障、实施、评估”进行职能分工	□ □
		（4）参演队伍是否包括应急预案管理部门人员、专兼职应急救援队伍以及志愿者队伍等	□ □
6	应急演练情景设置★	应急演练场景中是否包括下列内容：	是 否
		（1）事件类别	□ □
		（2）发生的时间地点	□ □
		（3）发展速度、强度与危险性	□ □
		（4）受影响范围、人员和物资分布	□ □
		（5）已造成的损失、后续发展预测	□ □
		（6）气象及其他环境条件等	□ □

续表

评估项目			评估内容及要求	评估意见
7	应急演练保障★	人员保障★	应急演练是否包括下列人员：	是 否
			（1）演练领导小组、演练总指挥、总策划	□ □
			（2）文案人员、控制人员、评估人员、保障人员	□ □
			（3）参演人员、模拟人员	□ □
		经费保障★	应急演练费是否满足以下条件：	是 否
			（1）应急演练经费是否纳入年度预算	□ □
			（2）应急演练经费是否及时拨付	□ □
			（3）演练经费是否专款专用、节约高效	□ □
		场地保障★	应急演练场地是否合适安全：	是 否
			（1）是否选择合适的演练场地	□ □
			（2）演练场地是否有足够的空间以及良好的交通、生活、卫生和生产条件	□ □
			（3）是否干扰公众生产生活	□ □
		物资器材保障★	应急演练物资器材是否有以下保障：	是 否
			（1）应急预案和演练方案是否有纸质文本、演示文档等信息材料	□ □
			（2）应急抢修物资准备是否满足演练要求	□ □
			（3）是否能够全面模拟演练场景	□ □
		通信保障★	应急演练的通信保障是否包括以下内容：	是 否
			（1）应急指挥机构、总策划、控制人员、参演人员、模拟人员等之间是否建立及时可靠的信息传递渠道	□ □
			（2）通信器材配置是否满足抢险救援内部、外部通信联络需要	□ □
			（3）演练现场是否建立多种公共和专用通信信息网络	□ □
			（4）能否保证演练控制信息的快速传递	□ □
		安全保障★	应急演练的安全保障是否到位：	是 否
			（1）是否针对应急演练可能出现的风险制订预防控制措施	□ □
			（2）是否根据需要为演练人员配备个体防护装备	□ □
			（3）演练现场是否有必要的安保措施，是否对演练现场进行封闭或管制，保证演练安全进行	□ □

续表

<table>
<tr><th colspan="3">评估项目</th><th>评估内容及要求</th><th>评估意见</th></tr>
<tr><td rowspan="31">8</td><td rowspan="31">应急演练实施</td><td rowspan="2">演练启动★</td><td>应急演练是否有说明：</td><td>是 否</td></tr>
<tr><td>演练前，演练总指挥是否对演练的意义、目标、组织机构及职能分工、演练方案、演练程序、注意事项进行统一说明</td><td>□ □</td></tr>
<tr><td rowspan="6">演练指挥与行动★</td><td>应急演练是否有人员要求：</td><td>是 否</td></tr>
<tr><td>（1）是否由演练总指挥负责演练实施全过程的指挥控制</td><td>□ □</td></tr>
<tr><td>（2）应急指挥机构是否按照演练方案指挥各参演队伍和人员，开展模拟演练事件的应急处置行动，完成各项演练活动</td><td>□ □</td></tr>
<tr><td>（3）演练控制人员是否充分掌握演练方案，按演练方案的要求，熟练发布控制信息，协调参演人员完成各项演练任务</td><td>□ □</td></tr>
<tr><td>（4）参演人员是否严格执行控制消息和指令，按照演练方案规定的程序开展应急处置行动，完成各项演练活动</td><td>□ □</td></tr>
<tr><td>（5）模拟人员是否按照演练方案要求，模拟未参加演练的部门或人员的行动，并作出信息反馈</td><td>□ □</td></tr>
<tr><td rowspan="10">演练过程控制★</td><td>（1）桌面演练过程控制：</td><td>是 否</td></tr>
<tr><td>① 在讨论式桌面演练中演练活动是否围绕所提出问题进行讨论</td><td></td></tr>
<tr><td>② 是否由总策划以口头或书面形式部署引入一个或若干个问题</td><td>□ □</td></tr>
<tr><td>③ 参演人员是否根据应急预案及相关规定讨论应采取的行动</td><td>□ □</td></tr>
<tr><td>④ 由总策划按照演练方案发出控制消息，参演人员接受到事件信息后，是否通过角色扮演或模拟操作，完成应急处置活动</td><td>□ □</td></tr>
<tr><td>（2）实战演练过程控制：</td><td></td></tr>
<tr><td>① 在实战演练中，是否要通过传递控制消息来控制演练过程</td><td>□ □</td></tr>
<tr><td>② 总策划按照演练方案发出控制消息后，控制人员是否立即向参演人员和模拟人员传递控制消息</td><td>□ □</td></tr>
<tr><td>③ 参演人员和模拟人员接收到信息后，是否按照发生真实事件时的应急处置程序或应急行动方案，采取相应的应急处置行动</td><td>□ □</td></tr>
<tr><td>④ 演练过程中，控制人员是否随时掌握演练进展情况，并向总策划报告演练中出现的各种问题</td><td>□ □</td></tr>
<tr><td rowspan="7">演练解说★</td><td>是否有演练解说：</td><td>是 否</td></tr>
<tr><td>（1）在演练实施过程中，是否安排专人对演练进行解说</td><td>□ □</td></tr>
<tr><td>（2）演练解说是否包括以下内容：</td><td></td></tr>
<tr><td>① 演练背景描述</td><td>□ □</td></tr>
<tr><td>② 进程讲解</td><td>□ □</td></tr>
<tr><td>③ 案例介绍</td><td>□ □</td></tr>
<tr><td>④ 环境渲染等</td><td>□ □</td></tr>
</table>

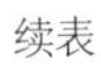
续表

评估项目			评估内容及要求	评估意见
8	应急演练实施	演练记录★	是否有演练记录：	是 否
			（1）在演练实施过程中，是否安排专门人员，采用文字、照片和音像等手段记录演练过程	□ □
			（2）文字记录是否包括以下内容：	
			①演练实际开始与结束时间	□ □
			②演练过程控制情况	□ □
			③各项演练活动中参演人员的表现	□ □
			④意外情况及其处置	□ □
			⑤是否详细记录可能出现的人员“伤亡”（如进入“危险”场所而无安全防护，在所规定的时间内不能完成疏散等）及财产“损失”等情况	□ □
			⑥文字、照片和音像记录是否全方位反映演练实施过程	□ □
		宣传教育★	是否有做宣传教育：	是 否
			（1）是否针对应急演练对其他人员进行宣传教育	□ □
			（2）通过宣传教育是否有效提高其他人员的抢险救援意识、普及抢险救援知识和技能	□ □
	应急演练结束与终止★		是否有终止信号：	是 否
			（1）演练完毕，是否由总策划发出结束信号，演练总指挥宣布演练结束	□ □
			（2）演练结束后所有人员是否停止演练活动，按预定方案集合进行现场总结讲评或者组织疏散	□ □
			（3）演练结束后是否指定专人负责组织人员对演练现场进行清理和恢复	□ □
	演练评估★		是否有做演练评估：	是 否
			（1）演练结束后是否组织有关人员对应急演练过程进行评估	□ □
			（2）应急演练评估是否包括下列几个方面：	
			①演练执行情况	□ □
			②预案的合理性和可操作性	□ □
			③应急指挥人员的指挥协调能力	□ □
			④参演人员的处置能力	□ □
			⑤演练所用设备的适用性	□ □
			⑥演练目标的实现情况、演练的成本效益分析、对完善预案的建议等	□ □

续表

评估项目	评估内容及要求	评估意见
演练总结★	是否有做演练总结：	是　否
	（1）演练结束后演练单位是否对演练进行系统和全面总结，并形成演练总结报告	□　□
	（2）演练总结报告是否包括下列内容：	
	① 演练目的	□　□
	② 时间和地点	□　□
	③ 参演部门和人员	□　□
	④ 演练方案概要	□　□
	⑤ 发现的问题与原因、经验和教训以及改进有关工作的建议等	□　□
成功运用★	演练计划是否成功运用：	是　否
	（1）对演练中暴露出来的问题，演练单位是否及时采取措施予以改进	□　□
	（2）是否及时组织对应急预案的修订、完善	□　□
	（3）是否有针对性地加强应急人员的教育和培训	□　□
	（4）是否对应急物资装备进行有计划的更新等	□　□
评估意见及建议		
评估人员签字		
注："★"代表应急预案的关键要素		

第九章

安全事故事后处理

第一节 安全事故事后处理要点

一、安全事故的认定与处理

事故往往具有突然性，因此在事故发生后企业管理者要保持头脑清醒，切勿惊慌失措，以免扩大生产和人员的损失和伤亡。

1. 事故的认定

（1）事故性质。

员工伤亡事故的性质按与生产的关系程度分为因工伤亡和非因工伤亡两类。其中属于因工伤亡的事故包括：

① 员工在工作和生产过程中的伤亡。

② 员工为了工作和生产而发生的伤亡。

③ 由于设备和劳动条件的问题引起的伤亡（含不在工作岗位）。

④ 在厂区内因运输工具问题造成的伤亡。

（2）事故的认定。

根据伤害程度的不同，工伤事故可分为轻伤事故、重伤事故、死亡事故。

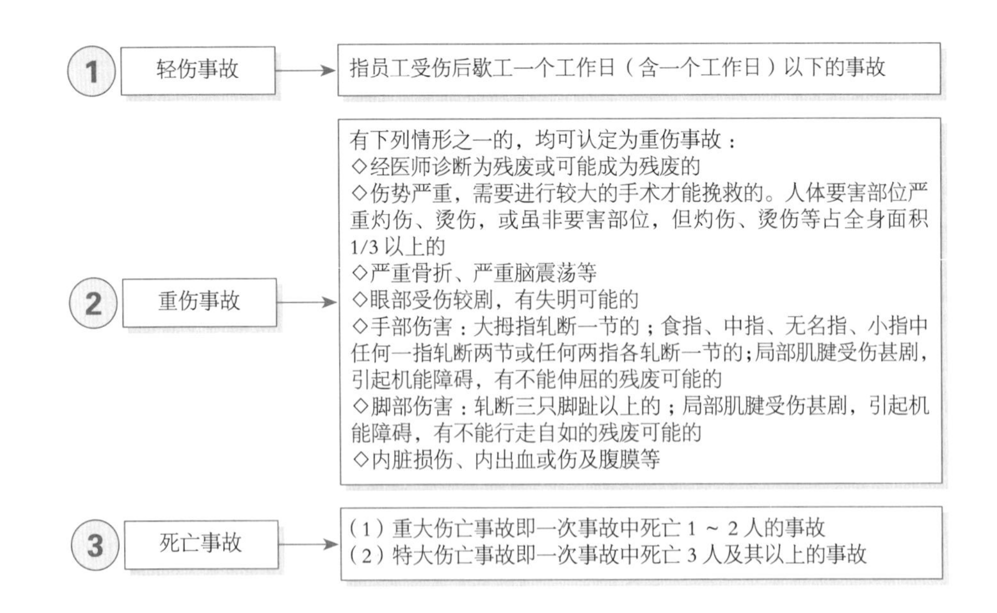

2. 工伤事故的处理

（1）处理程序。

发生工伤时，负伤人员或最先发现的人应立即报告直接管理人员，并进行以下相应处理程序。

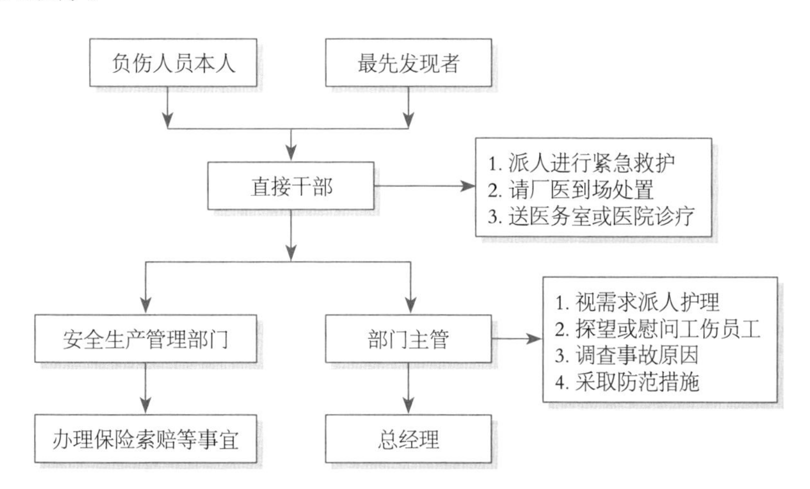

（2）事故紧急处理措施。

事故发生后，按如下顺序处理：

① 切断有关动力来源，如气（汽）源、电源、火源、水源等。

② 救出伤亡人员，对伤员进行紧急救护。

③ 大致估计事故的原因及影响范围。

④ 及时寻求援助，同时尽快移走易燃、易爆和剧毒等物品，防止事故扩大和减少损失。

⑤ 采取灭火、防爆、导流、降温等紧急措施，尽快终止事故。

⑥ 事故被终止后，要保护好现场，以供调查分析。

二、事故的调查

事故调查主要是为了弄清事故情况，企业要从思想、管理和技术等方面查明事故原因，从中吸取教训，防止类似事故重复发生。

1. 搜集物证

（1）现场物证包括破损部件、破片、残留物。

（2）应将在现场搜集到的所有物件贴上标签，注明地点、时间、现场负责人。

（3）所有物件应保持原样，不准冲洗、擦拭。

（4）对具有危害性的物品，应采取不损坏原始证据的安全防护措施。

2. 记录相关材料

（1）发生事故的部门、地点、时间。

（2）受害人和肇事者的姓名、性别、年龄、文化程度、技术等级、工龄、工资待遇。

（3）事故当天，受害人和肇事者什么时间开始工作，及其工作内容、工作量、作业程序、操作动作（或位置）。

（4）受害人和肇事者过去的事故记录。

3. 收集事故背景材料

（1）事故发生前设备、设施等的性能和维修保养状况。

（2）使用何种材料，必要时可以进行物理性能或化学性能实验与分析。

（3）有关设计和工艺方面的技术文件、工作指令和规章制度及执行情况。

（4）工作环境状况，包括照明、温度、湿度、通风、噪声、色彩度、道路状况以及工作环境中有毒、有害物质的取样分析记录。

（5）个人防护措施状况，其有效性、质量如何，使用是否规范。

（6）出事前受害人或肇事者的健康状况。

（7）其他可能与事故致因有关的细节或因素。

4. 搜集目击者材料

管理者应尽快从目击者那里搜集材料，而且对目击者的口述材料，应认真考证其真实程度。

5. 拍摄事故现场

（1）拍摄残骸及受害者的照片。

（2）拍摄容易被清除或被践踏的痕迹，如刹车痕迹、地面和建筑物的伤痕、火灾引起的损害、下落物的空间等。

（3）拍摄事故现场全貌。

6. 填写安全事故报告书

在调查后管理者要编写事故报告书，将相关信息进行汇报。

三、分析生产事故

对于已经发生的安全事故，管理者在调查的基础上要认真分析，以便于分清事故责任和提出有效改进措施。

1. 具体分析内容

（1）受伤部位。

（2）受伤性质。

（3）起因物。

（4）致害物。

（5）伤害程度。

（6）设备不安全状态。

（7）操作人员的不安全行为。

2. 分析事故原因

在分析事故原因时，管理者应从直接原因（指直接导致事故发生的原因）入手，逐步深入到间接原因方面，找出事故的主要原因，从而掌握事故的全部原因，分清主次，进行事故责任分析。

（1）直接原因。主要包括机械、物质或环境的不安全状态和人的不安全行为。

（2）间接原因。即直接原因得以产生和存在的原因，一般属于管理上的原因，主要有：

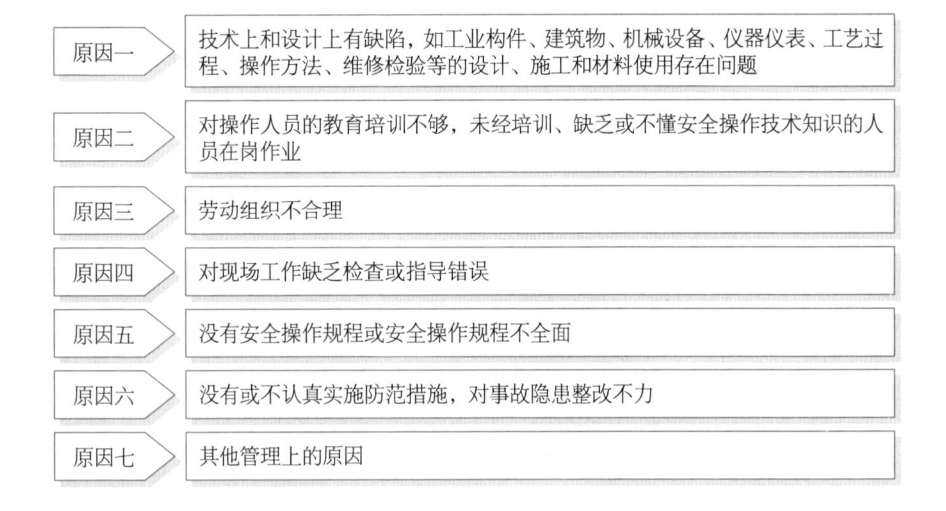

3. 事故责任分析

管理者必须以严肃认真的态度对待事故责任分析。管理者要根据事故调查所确认的事实，通过对直接原因和间接原因的分析，确定事故的直接责任者和领导责任者，然后在此基础上，在直接责任和领导责任者中，根据其在事故发生过程中的作用，确定事故的主要责任者，最后，根据事故后果和责任者应负的责任提出处理意见和防范措施建议。

4. 计算伤害率

有时企业需向上级主管部门上报事故伤害率，同时自己也要对事故发生的频率、严重程度进行统计，因此需计算下列比率。

（1）伤害频率。

伤害频率表示某时期内，每百万工时事故造成伤害的人数。伤害人数指轻伤、重伤、死亡人数之和。其计算公式为：

伤害频率=（伤亡次数÷百万工时）×100%

（2）伤害严重程度。

表示某时期内，每百万工时事故造成的损失工作日数。其计算公式为：

伤害严重程度=（总损失工作日数÷百万工时）×100%

（3）千人死亡率。

表示某时期内，每千名员工中因工伤事故造成死亡的人数。其计算公式为：

千人死亡率=（死亡人数÷1000）×100%

（4）千人重伤率。

表示某时期内，每千名员工中因工伤事故造成的重伤人数。其计算公式为：

千人重伤率=（重伤人数÷1000）×100%

第二节 安全事故事后处理制度

一、安全生产事故管理制度

<table>
<tr><td colspan="2">标准文件</td><td rowspan="2">安全生产事故管理制度</td><td>文件编号</td><td></td></tr>
<tr><td>版次</td><td>A/0</td><td>页次</td><td></td></tr>
<tr><td colspan="5">1. 目的
为了规范生产安全事故的报告和调查处理，落实生产安全事故责任追究制度，防止和减少生产安全事故，根据《中华人民共和国安全生产法》和《生产安全事故报告和调查处理条例》有关法律法规，特制定本制度。</td></tr>
</table>

2. 适用范围

本制度适用于全公司范围内的生产安全事故管理。

3. 管理职责

3.1 安环部负责事故现场的救护组织、现场勘察、上报公司领导，负责重伤以上事故的调查、分析、处理以及出具公司级事故分析报告。

3.2 公司办公室（安保中心）负责厂内交通、火灾事故现场的救护组织、现场勘察、上报公司领导以及事故的调查、分析、处理并出具公司级事故分析报告。

3.3 企管部：保证救护车辆安排，协助事故部门做好工伤家属的接待、安抚工作，参与工伤事故现场的抢救及简单处理。人力中心负责办理员工投保、名单更新，受伤员工的就医、转院等医疗管理及出院后保险理赔、评残、安置、复工的管理。

3.4 事故部门负责本部门工伤员工的救护组织、现场保护、事故上报、救治费用垫付、后期治疗借款手续办理、工伤员工住院期间的陪护，负责轻伤及微伤事故的调查、分析、处理。

4. 工伤事故

4.1 职工有下列情形之一的，应当认定为工伤：

4.1.1 在工作时间和工作场所内，因工作原因受到事故伤害的。

4.1.2 工作时间前后在工作场所内，从事与工作有关的预备性或者收尾性工作受到事故伤害的。

4.1.3 在工作时间和工作场所内，因履行工作职责受到暴力等意外伤害的。

4.1.4 患职业病的。

4.1.5 因工外出期间，由于工作原因受到伤害或者发生事故下落不明的。

4.1.6 在上下班途中，受到非本人主要责任的交通事故或者城市轨道交通、客运轮渡、火车事故伤害的。

4.1.7 法律、行政法规规定应当认定为工伤的其他情形。

4.2 员工有下列情形之一的，不得认定为工伤：

4.2.1 故意犯罪的。

4.2.2 醉酒或者吸毒的。

4.2.3 自残或者自杀的。

5. 事故等级划分

本工伤事故管理制度参照国家颁布实施的《企业职工伤亡事故标准》和《工伤保险条例》中的规定，将事故等级分为五级。

5.1 险肇事故：是指险些造成人员伤害，且造成或险些造成一定经济损失的事故。

5.2 轻伤事故：是指损失工作日在105个法定工作日(一周按5个工作日计算)以下的伤害，但够不上重伤的伤害。

5.2.1 轻伤1级：表皮划伤或肌肉挫（拉）伤、肿胀无骨折，休息日7天（含）以内，医药费××元（含）以内。

5.2.2 轻伤2级：因伤休息8～15天（含）以内，医疗费用××元（含）以内。

5.2.3 轻伤3级：因伤休息16～105工作日（含）以内，医疗费用××元以上，够不上重伤的伤害。

5.3 重伤事故：是指一次事故中发生损失工作日在105个法定工作日以上（包括伴有轻伤）的伤害，无死亡的事故。

5.4 死亡事故：是指一次事故中死亡1人的事故。

5.5 重大死亡事故：是指一次事故中死亡2人以上的事故。

5.6 伤害事故发生后，由事故发生单位会同安全环保部参照以上标准进行事故级别鉴定并考核。

6. 事故报告

6.1 发生工伤事故后，事故责任部门必须立即抢救伤员，并运用各种快速方法分别向本部门领导、公司安环部报告，如需用车，直接向总裁办申请。因抢救伤员需要搬动现场物体，应做好标记。

6.2 工伤事故现场，需经安环部勘察同意后方可撤销，如果认为有必要继续保留现场，由事故部门划出警戒区域，设置标志，无关人员不得入内。

6.3 根据事故“四不放过”的原则，事故的分析、报告按如下规定进行：

6.3.1 轻伤事故。

由事故责任部门领导组织召开事故分析会，参加人员包括事故责任者（伤者住院，视情节需要可到医院了解）、知情人、当事人、有关领导和安环员，在了解事故经过、分析原因后，有针对性地提出和落实整改负责人、整改具体措施和完成整改期限的事故整改计划。分析出事故责任者（分为直接、间接责任者或主要责任、次要责任），提出考核处理意见。事故分析报告在事发后24小时内由责任部门报送安环部。

6.3.2 重伤事故。

由公司安环部或授权组织事故责任单位召开事故分析会，具体参加人员和会议程序与轻伤事故相同。事故分析报告在事发后48小时内由责任单位报送公司安环部。

6.3.3 跨部门的事故。

由公司安环部组织事故责任部门分别（或联合）召开事故责任部门事故分析会议，事故处理报告由事故部门会同安环部编写报公司主管领导审批。

6.4 事故处理由公司安环部根据事故责任部门的事故报告，分别按轻、重伤情况报送公司主要领导批准结案。

6.5 工亡事故按照事故上报程序报公司并立即上报各级政府机关（安监、公安、工会等）进行事故处理。

7. 事故考核

7.1 本处罚标准适用范围：

7.1.1 在工作时间和工作场所内发生的各类安全生产事故。

7.1.2 所有进入我公司的外包施工方在我公司范围内发生的安全生产事故。

7.2 险肇事故

7.2.1 一般险肇事故，对事故部门领导、责任者处罚如下：

责任部门级领导扣罚 ×× 元；车间主任（副）扣罚 ×× 元；责任班长扣罚 ×× 元；责任者扣罚 ×× ～ ×× 元（根据责任大小）。

7.2.2 重大险肇事故，对事故部门领导责任者的处罚如下：

责任部门级领导扣罚 ×× 元；车间主任（副）扣罚 ×× 元；责任班长扣罚 ×× 元；责任者扣罚 ×× ～ ×× 元（根据责任大小）。

7.3 轻伤事故

7.3.1 轻伤一级：扣罚事故责任人 ×× ～ ×× 元（根据责任大小），责任安全员（班组长）×× 元，车间主任（含副主任、工段长）×× 元，厂（部）级领导 ×× 元。

7.3.2 轻伤二级：扣罚事故责任人 ×× ～ ×× 元（根据责任大小），责任安全员（班组长）×× 元，车间主任（含副主任、工段长）×× 元，厂（部）级领导 ×× 元。

7.3.3 轻伤三级：扣罚事故责任人 ×× ～ ×× 元（根据责任大小，责任人与受害人同为一人的取较低金额），责任安全员（班组长）×× 元，车间主任（含副主任、工段长）×× ～ ×× 元，厂（部）级领导 ×× ～ ×× 元。

7.3.4 工伤费用小于 ×× 元的事故，可不计入年度工伤指标内。

7.3.5 升级为重伤的，按重伤考核标准执行追加考核（补罚差额）。

7.4 重伤事故

7.4.1 重伤事故部门的直接责任者或主要责任者，扣罚 ×× ～ ×× 元（根据责任大小，责任人与受害人同为一人的考核取较低金额）。

7.4.2 扣罚重伤事故单位的直接领导责任者（班组长、工段长、车间主任）×× ～ ×× 元。

7.4.3 扣罚重伤事故部门的主管领导（厂、部长）责任者 ×× 元。

7.4.4 同一班组年度内发生 1 起以上重伤事故，责任班长撤职；同一车间年度内发生 2 起重伤事故，车间主任降职、降薪。

7.4.5 同一部门月度内发生 2 起重伤事故，取消月度安全评比资格。

7.5 工亡事故

7.5.1 工亡事故部门直接责任者或主要责任者，扣罚 ×× ～ ×× 元（根据责任大小，责任人与受害人同为一人的免于考核）。

7.5.2 发生工亡事故的厂（部）直接领导责任者（班组长、工段长、车间主任），扣罚 ×× ～ ×× 元；

7.5.3 发生工亡事故的厂主管领导责任者（厂、部长），扣罚 ×× 元

7.5.4 公司主管领导责任者按公司个人经济责任制考核。

7.5.5 对发生工亡事故的单位，取消年度安全先进评选资格。

7.5.6 发生死亡事故，责任班长撤职并视具体情况决定是否停止其工作；车间主任（包括工段长）通报批评并试用 3 个月（按 80% 工资发放）；同一车间年度内发生 2 起死亡事故，车间主任撤职并视情况决定是否另行安排工作；主管副厂长、厂长降职、降薪。

7.5.7 公司安全管理部门承担连带管理责任，扣罚相关管理人员（部长、副部长、助理、科长、区域负责人）×× ～ ×× 元。

7.6 重大死亡事故

发生重大死亡事故后，根据国家法律法规对相关责任人进行处理，对责任人的考核及行政处分由董事会决定。

7.7 火灾事故的考核

按照火灾事故损失的 ××% ～ ××% 考核事故责任单位，并扣罚事故责任单位的主管领导、直接领导、安环员和责任人 ×× ～ ×× 元。

7.8 工伤事故损失

即保险理赔后的差额部分，由责任单位全额承担（可从各部门在奖金总额中提取的事故基金中列支）。

7.9 对隐瞒事故不报部门的考核

7.9.1 对发生事故隐瞒不报的部门每起按事故损失的 ××% 考核（不包括事故考核处理）。

7.9.2 扣罚事故发生部门的直接领导和主管领导责任者 ×× ～ ×× 元。

7.9.3 事故处理仍然按照事故等级进行考核。

7.10 厂外交通事故

符合《工伤保险条例》的按正常程序上报总裁办，厂外交通事故（被认定为

工伤的）不做工伤事故考核处理。

7.11 对外包施工方事故

外包施工方在公司内部发生的事故，参照我公司《安全生产事故管理制度》处理，所发生的各类赔偿、费用由外包施工方自行承担。

7.12 发生事故，给公司造成严重社会影响的，将加倍处罚责任部门。

拟定		审核		审批	

二、事故调查、报告与处理程序

标准文件		事故调查、报告与处理程序	文件编号	
版次	A/0		页次	

1. 目的

为了建立一个有效的事故处理机制，对已经发生和正在发生的事故，尽可能快地做好调查，做好事故报告和处理工作，并采取有效预防措施，防止事故扩大和减少事故损失，特制定本程序。

2. 适用范围

本程序适用于公司范围内的事故报告、调查与处理。

3. 权责

3.1 管理中心负责各类事故的统计，并协调或监督各类事故的调查报告和处理工作，确保该程序的有效运行。

3.2 事故部门对已经和正在发生的事故，要根据本程序要求尽可能快地进行事故报告，调查和处理工作，并确保工作有效。

4. 作业规定

4.1 事故报告

事故报告内容包括事故发生的时间、地点、部门、简要经过、伤亡人数和采取的补救措施等。

4.1.1 事故发生后，负伤者或事故现场有关人员应当直接或逐级报告厂长。

4.1.2 发生轻伤事故，应立即报告班组长、主任、管理中心；发生重伤事故除立即报告公司领导外，应急指挥中心并在 ×× 小时内报告厂长；发生伤亡事故，除按上述要求进行报告外，应在 ×× 小时内向当地环保、消防、劳动部门、环保局、安监部门报告。

4.1.3 重、特大事故发生后，在报告的同时，应按《应急准备和响应程序》的要求，开展求援工作，防止事故扩大。

4.1.4 发生火灾事故后，当事人应立即向公司义务消防队报警；发生生产、设备、交通事故等应立即向公司职能部门报告，并尽快通知公司办公室和其他相关部门。

4.1.5 当公司员工确认患有职业病后，管理中心应填写职业病报告卡，并按有关规定上报厂长。

4.2 事故调查

4.2.1 轻伤事故及一般事故由管理中心负责调查，组织有关人员进行，并于3日内将调查报告报公司、相关职能部门。

4.2.2 重伤事故由公司管理者代表或指定人员组织各部门及应急指挥中心组成事故调查小组进行调查。

4.2.3 死亡事故由公司、公司主管部门会同劳动部门、环保部门、消防部门、公安部、环保局、安监部门组成的调查组进行调查。重大伤亡事故，应按《企业职工伤亡事故报告和处理规定》进行调查。

4.2.4 非伤亡的重大、特大事故由管理者代表组织有关部门及应急指挥中心组成事故调查组进行调查，并在10日内写出事故调查与处理报告。

4.2.5 管理中心负责职业病原因的调查工作，必要时成立调查组，对职业病的原因、病情、防范或应急措施等提出书面报告，报管理者代表、厂长或上级主管部门。

4.2.6 事故调查组成员应符合下列条件：

（1）组长由管理者代表或其指定人员担任。

（2）具有事故调查所需要的某一方面的专长。

（3）尽可能满足事故调查的需要。

4.2.7 事故调查组的职责。

（1）查明事故发生的原因、过程、人员伤亡、经济损失情况。

（2）确定事故责任者。

（3）提出事故处理意见和预防措施建议。

（4）出具事故调查报告。

4.2.8 事故部门应尽可能地为事故调查组提供方便，不得干涉事故调查组的正常工作。

4.3 事故处理

4.3.1 事故调查组提出的事故处理意见和防范措施建议，应先由事故部门负责处理，并将处理意见上报公司管理中心或其他职能部门。

4.3.2 对于重伤、死亡或非伤亡的重、特大事故，管理者代表应组织、主持召开事故现场会，与会人员应包括事故部门、相关部门人员及应急指挥中心等有

关负责人。

4.3.3 事故处理应以防止类似事故再发生为原则。

4.3.4 公司及生产、设备等职能部门，对已经结束的事故处理结果，以通报形式，下发至环保及职业卫生安全管理体系所覆盖的各部门，以达到事故预防的目的。

4.3.5 对职业病患者的处理方法。

（1）患有职业病职工应享受的待遇，按《企业职工工伤保险试行办法》执行。

（2）管理中心应根据禁忌症的要求，为职业病患者安排合适的工作岗位，并办理相应手续。

拟定		审核		审批	

三、安全生产事故责任认定和处罚赔偿实施办法

标准文件		安全生产事故责任认定和处罚赔偿实施办法	文件编号	
版次	A/0		页次	

1. 目的

为进一步强化安全生产责任管理，预防和减少违章作业、违章指挥、违反劳动纪律，严防主要负责人、分管领域负责人和相关部门管理不严、下属车间安全监管不力而造成事故，确保公司利益和员工生命安全健康，特制订本实施办法。

2. 适用范围

本实施办法适用于公司各部门、下属车间的安全生产监督管理。有关法律法规对生产安全、消防安全、特种设备、道路交通、建设工程安全等有规定的，适用其规定。

3. 管理规定

3.1 员工违规行为

员工违规行为是指员工未按照本公司安全生产管理制度、操作规程和现场应急处置方案从事作业、处置突发事故所造成人身、财产经济损失的违规行为，包括但不限于以下行为：

3.1.1 未按规定关机加工类设备测量加工件的。

3.1.2 未按规定穿戴防护用品的。

3.1.3 未按规定使用安全用具操作的。

3.1.4 未按规定在禁火区域内吸烟或乱丢烟头的。

3.1.5 未按规定在登高作业中使用安全带的。

3.1.6 未按规定办理三级动火手续动用明火作业的。

3.1.7 未按规定从事应当持操作证作业而无证操作的。

3.1.8 未按规定发现并报告责任区域内隐患或未排除隐患冒险作业的。

3.1.9 未按规定任意拆除设备设施安全装置、仪器、仪表、警示灯装置的。

3.1.10 未按规定执行下班前关电、关水、关气、关门、关窗“五关”制度的。

3.1.11 未按规定制止违章指挥、违章作业、违反劳动纪律等违规行为的。

3.2 部门失职行为

3.2.1 部门失职行为是指有关部门未按照安全监管平台的管理要求实施管理的，或者未按本公司安全生产管理规定实施管理的行为。

3.2.2 安全职能部门失职行为。

（1）未按安全生产规章制度监督检查安全工作的。

（2）未按规定监督检查依法持证上岗和按期初（复）训的。

（3）未按规定督促相关部门对新进和转、换岗位人员进行三级教育、考试合格后上岗的。

（4）未按规定对查出的设施设备、仪器仪表、安全装置缺陷或缺失等隐患进行跟踪、督促整改或者报告的。

（5）未按规定定期开展全覆盖事故隐患排查，或者未按规定出具隐患排查及现场检查整改通知书或者报告的。

（6）未按监管平台工作要求进行管理，或者未在监管平台“隐患排查及现场记录”的“工作提示与通知”栏上登录、发布相关提示信息的。

（7）未按规定建立健全签约部门危险源识别数据信息库，或者未针对危险源，协助主要负责人组织制定相关安全技术防范措施、管理制度、操作规程及现场处置方案的。

3.2.3 设备设施管理职能失职行为。

（1）未建立健全设备设施（含消防、职业防护、在用检测仪器仪表等）运行安全管理台账、管理制度、操作规程和现场应急处置方案，或者操作规程中未明确安全使用警示条款的。

（2）未在危险、有毒有害性场所、设备设施（装置）现场采取有效防护措施，或者未在现场配备应急处置器材、应急物资的。

（3）未对有关设备设施、安全装置、在用检测仪器仪表、工具等依法进行定期检测检验检定并保存相关资料的。

（4）未定期开展设备设施安全装置（含职业卫生、环保、在用检测仪器仪表）维护保养，或者安全装置存在缺失、缺损、失效等未及时进行修复、挂牌警示或报告的。

（5）未建立移动电器、接地装置、避雷装置、防护用具等安全检测维护管理台账，或者未对上述设施、用具进行定期的安全检测、维护保养的。

（6）未按照《低压配电设计规范》等装接流水作业线电气线路、照明灯具和移动固定用电设备，或者未采取电器短路、超载、漏接地保护措施的。

（7）未在切断电源、采取安全措施，挂牌后进行设施设备调整、检修、清扫作业的。

（8）未按规定将有关设备设施安全检验检测检定、维护保养信息登录在监管平台实施管理的。

（9）未按规定按期完成隐患排查及现场检查整改通知书整改任务，或者不报告整改情况的。

3.2.4 设计工艺管理职能部门。

（1）未按规定提请办理新、改、扩建工程项目“三同时”，或者未在建筑物内部装修前办理安全审批手续，或者未在有关设计、生产工艺流程布局文件中明确提出消防安全、生产、职业健康安全性评价要求的。

（2）未按规定在冲、剪、压等危险性作业设计文件、工艺文件中明确作业安全具体防护措施，或者安全操作警示条款的。

（3）未按规定在尘毒作业、易燃易爆场所（岗位）设计和工艺文件中明确提出具体除尘毒、防燃爆技术措施方案，或者采取防护措施的。

3.2.5 其他相关职能部门失职行为。

（1）未按安全生产管理规定建立健全企业安全生产综合监督管理平台账户，实施相关安全工作、信息管理的。

（2）未按规定对危险化学品领用、运输、存储、使用、处置实施安全管理，或者未开展针对性安全教育培训，或者未在危险化学品存储、使用现场明确标示危险化学品信息和采取具体防护措施、应急措施的。

（3）未按规定将本公司道路机动车、驾驶员、投保理赔管理纳入安全生产综合监管平台道路交通安全管理和考核的。

（4）未按规定安排应依法持证上岗人员接受上岗前持证培训，或者领导干部上岗后 3 个月内仍未持有效合格证上岗的。

（5）未按规定提供、管理和培训、指导员工正确使用防暑降温设备设施、佩戴劳防用品的。

（6）未按规定及时调换职业禁忌症者工种的。

（7）未按规定将经营项目、场所、设备发包，或者出租给不具备安全生产条件或相应资质的企业或个人的。

（8）未按规定对外来施工方、承租方实行安全生产统一协调管理，或者未把好进场关，开展进场施工安全检查，或者未及时督促落实整改的。

3.3 责任划分原则

3.3.1 公司法定代表人是本公司安全生产第一责任人。各部门其他分管领域负责人应当按照安全生产管理规定，对其分管领域内的安全工作负具体责任。分管安全领域负责人应当协助主要负责人，对本部门安全生产负有监督管理领导责任。

3.3.2 按照以下六个方面确认并划分事故责任：对设备设施和安全装置检验检测检定的管理情况；对安全管理制度、操作规程和现场应急处置方案的管理情况；对安全管理制度、操作规程和现场应急处置方案的管理情况；对安全教育、依法持证人员持证的管理情况；对组织隐患排查治理的管理情况；对道路交通安全监管和监管平台的管理情况；对执行安全生产责任制和处罚赔偿规定的管理情况。具体划分如下：

（1）有相应的设备设施、安全装置检验检测检定要求和记录；有相应明确的安全管理制度、操作规程、现场应急处置方案要求和记录；有相应的员工安全教育培训、持证人员持证管理要求和记录；有相应的隐患排查治理管理要求和记录；有相应的道路交通安全监管、综合监管管理要求和记录；有相应的安全生产责任管理、处罚赔偿规定和记录，对事故直接责任人，按本管理规定 3.4.3 处罚赔偿标准的基数额进行处罚赔偿，或者做出解聘处理决定；对事故直接责任人所在部门负责人作承担 ××% 的处罚赔偿处理。

（2）有相应的设备设施、安全装置检验检测检定要求和记录；有相应明确的安全管理制度、操作规程、现场处置方案要求和记录；有相应的隐患排查治理管理要求和记录；有相应的道路交通安全监管、综合监管管理要求和记录；有相应的安全生产责任管理、处罚赔偿规定和记录，但没有相应的员工安全培训记录，或者没有相应的持证人员持证要求和记录，按照本规定 3.4.3 或 3.4.4 对事故直接责任人、相关部门责任人、单位分管领域负责人、主要负责人，分别作承担 ××%、××%、××%、××% 的处罚赔偿处理。

（3）有相应的设备设施、安全装置检验检测检定要求和记录；有相应的隐患排查治理管理要求和记录；有相应的道路交通安全监管、综合监管管理要求和记录；有相应的安全生产责任管理、处罚赔偿规定和记录，但没有相应明确的安全管理制度，或者没有相应明确的操作规程，或者没有相应明确的限产处置方案要求和记录，或者没有相应的员工安全教育，或者没有相应的持证人员持证要求和记录，按照本规定 3.4.3 或 3.4.4 对事故直接责任人、相关部门责任人、车间分管领域负责人、主要负责人分别作承担 ××%、××%、××%、××% 的处罚赔偿处理。

（4）有相应的道路交通安全监管、综合监管管理记录，有相应的安全生产责任管理、处罚赔偿规定和记录，但相应的设备设施不安全可靠，或者相应的安全装置检验检测检定失效，或者没有相应明确的安全管理制度，或者没有相应明确的操作规程，或者没有相应明确的现场处置方案要求和记录，或者没有相应的员工安全教育，或者没有相应的持证人员持证记录，按照本规定 3.4.3 或 3.4.4 对事故直接责任人、相关部门责任人、车间分管领域负责人、主要负责人，分别作承担 ××%、××%、××%、××% 的处罚赔偿处理。

（5）有相应的道路交通安全监管、综合监管管理要求和记录，有相应的安全生产责任管理、处罚赔偿规定和记录，但相应的设备设施不安全可靠，或者相应安全装置检验检测检定失效，或者没有相应的明确的安全管理制度，或者没有相应的明确的操作规程，或者没有相应明确的现场处置方案要求和记录，或者没有相应的员工安全教育，或者没有相应的持证人员持证要求和记录，或者没有相应的隐患排查治理要求和记录，按照本规定 3.4.3 或 3.4.4 对事故直接责任人、相关部门负责人、单位分管领域负责人、主要负责人，分别作承担 ××%、××%、××%、××% 的处罚赔偿处理。

（6）有相应的安全生产责任管理、处罚赔偿规定和记录，但相应的设备设施不安全可靠，或者相应的安全装置检验检测检定失效，或者没有相应明确的安全管理制度，或者没有相应的操作规程，或者没有相应的现场处置方案要求和记录，或者没有相应的员工安全教育、或者没有相应的持证人员持证培训要求和记录，或者没有相应的隐患排查治理要求和记录，或者没有相应的道路交通安全监管，或者没有相应的安全生产综合监管要求和记录，按照本规定 3.4.3 或 3.4.4 对发生事故的直接责任人、相关部门责任人、单位分管领域负责人、主要负责人和投资（受托）管理单位职能部门负责人、分管领域负责人、主要负责人分别作承担 ××%、××%、××%、××% 和 ××%、××%、××% 的处罚赔偿处理。

（7）相应的设备设施不安全可靠，或者相应的安全装置检验检测检定失效；或者没有相应明确的安全管理制度，或者没有相应的操作规程，或者没有相应的现场主持方案要求和记录；或者没有相应的员工安全教育，或者没有相应的持证人员持证培训要求和记录；或者没有相应的隐患排查治理要求和记录；或者没有相应的道路交通安全监管，或者没有相应的安全生产综合监管要求和记录；或者没有相应的安全生产责任管理、处罚赔偿规定和记录，按照本规定 3.4.3 或 3.4.4 对发生事故的直接责任人、相关部门责任人、企业分管领域负责人、主要负责人和投资（受托）管理单位职能部门负责人、分管领域负责人、主要负责人分别作承担 ××%、××%、××%、××% 和 ××%、××%、××% 的处罚赔偿处理。

（8）对安全监管部门发出隐患及现场检查整改通知书后不按时落实整改的，或者不采取预防措施发生事故的，由隐患所在部门负责人、企业分管领域负责人、主要负责人和投资（受托）管理方职能部门负责人、分管领域负责人、主要负责人，分别作承担××%、××%、××%、××%、××%、××%的处罚赔偿处理。必要时，予以事发企业主要负责人行政警告处理。

（9）对发生事故迟报、瞒报、不报的，或者在一个责任年度内重复发生类似事故的，按本规定处罚赔偿标准规定，对事发企业主要负责人、分管领域负责人和相关部门负责人，按事故直接损失处罚赔偿标准，作加倍处罚赔偿处理。必要时，予以事发企业主要负责人、分管领域负责人行政警告处理。

（10）交通事故损失的处罚赔偿额，以“道路交通事故认定书的事故责任（全责××%、主责××%、半责××%和次责××%、无责0）×事故造成的直接经济损失额（扣除保险理赔额）”计算。

3.4 处罚赔偿标准

3.4.1 当发现员工存在3.1.1至3.1.11违规行为之一且未造成事故的，可对当事人处以不低于××元的经济处罚。

3.4.2 当发现相关职能部门存在3.2.2至3.2.5之一失职行为且未造成事故的，可对企业主要负责人、分管领域负责人、有关部门负责人和相关责任人，各处以不低于××元的经济处罚，并予以通报。

3.4.3 当发生违反公司安全生产责任管理规定，或者3.3的责任划分十款情况之一且造成事故直接经济损失在××万元以下的，对事故有关直接责任人、相关部门负责人、分管领域负责人和主要负责人，按下列赔偿标准金额进行处罚。

安全生产责任处罚赔偿标准查询表

序号	直接经济损失/万元	超额比例/%	处罚赔偿基数	处罚赔偿金额/万元				
1	20（含）~25	8	9					
2	15（含）~20	10	7.5					
3	10（含）~15	12	5					
4	5（含）~10	14	2.5					
5	1（含）~5	16	1					
6	0.5（含）~1	18	0.5					
7	0.1（含）~0.5	20	0.1					

注：（1）处罚赔偿金额=【处罚赔偿基数+（直接经济损失－处罚赔偿基数）×超额比例】。
（2）处罚赔偿金额=所有相关责任人所承担的处罚赔偿金额之和。
（3）直接经济损失<××元的，按实际直接经济损失处罚赔偿，个人最高处罚赔偿限额为××万元。

3.4.4 对违反公司安全生产责任管理规定，或者 3.3.2 十款情形之一且造成人员死亡事故的，或者事故直接经济损失在 ×× 万元以上的，对事发企业主要负责人、分管领域负责人、相关部门负责人和管理事发企业的主要负责人、分管领域负责人、相关部门负责人的处罚赔偿，按以下规定执行：

（1）事故直接经济损失 ×× 万元以上 ×× 万元以下，或者电视等主要媒体曝光造成社会影响的，给予事发企业主要负责人、分管领域负责人上一年度收入 ××% ~ ××%，相关部门责任人 ××% ~ ××% 的经济处罚，并可处警告或记过处分。

（2）发生一起含 1 人死亡事故以上，或者含 2 人以上 3 人以下重伤，或者事故直接经济损失 ×× 万元以上 ×× 万元以下的，给予事发企业主要负责人、分管领域负责人上一年度收入 ××% ~ ××%，相关部门责任人 ××% ~ ××% 的经济处罚，并可处记大过、降级处分。

（3）发生一起含 2 人死亡事故以上，或者含 3 人以上 5 人以下重伤，或者事故直接经济损失 ×× 万元以上 ×× 万元以下的，给予事发企业主要负责人、分管领域负责人上一年度收入 ××% ~ ××%，相关部门负责人 ××% ~ ××% 的经济处罚，并可处降级、撤职处分。

（4）发生一起含 3 人死亡事故以上，或者含 5 人以上 10 人以下重伤，或者事故事件直接经济损失 ×× 万元以上 ×× 万元以下的，给予事发企业主要负责人、分管领域负责人上一年度收入 ××% ~ ××%，相关部门负责人 ××% ~ ××% 的经济处罚，并可处降级、撤职处分。

3.4.5 对事故直接责任人和事发企业其他相关责任人的赔偿处罚决定，由事发企业及其管理单位依据事故调查报告和安全生产责任管理规定有关责任划分原则、处罚赔偿实施办法讨论决定。

3.4.6 对发生国务院令第 493 号重大以上安全生产事故的经济处罚、行政处分，以及追究刑事责任，将参照《生产安全事故报告和调查处理条例》等相关规定执行，或者按政府、上级公司有关部门组织的事故调查组意见执行。

3.5 处罚赔偿程序

3.5.1 处罚程序。

（1）当发现员工有违规行为，或者相关部门有失职行为尚未造成事故的，由安全管理职能部门发出隐患排查及现场检查记录；也可直接发出隐患排查及现场检查整改通知，并按 3.4.1、3.4.2 的规定，出具责任处罚赔偿意见书进行处罚，处罚款由薪酬发放部门予以扣除。

（2）对屡教屡犯的违规行为当事人，安全管理职能部门应当向当事人所在部门，或者企业直接发出隐患排查及现场检查整改通知，要求企业人事管理部门对其教育，并按处罚赔偿标准 3.4.1 的规定实施加倍处罚，处罚款由当事人薪酬发放部门扣除。必要时，可按劳动合同有关规定办理解聘、请辞、劝退手续。

（3）隐患排查及现场检查记录、隐患排查及现场检查整改通知的执行情况和事故处罚款的扣除执行情况，纳入企业主要负责人年度安全生产工作履职绩效考核管理。

3.5.2 赔偿程序

（1）事发企业主要负责人接到事故调查处理报告后，应当在 5 个工作日内召开企业安全生产委员会会议，根据事故调查处理报告结论和“3.3 责任划分原则”和“3.4 处罚赔偿标准”，讨论决定对事故有关责任人的赔偿处罚决定，并按安全生产事故“四不放过”原则和要求开展“举一反三”工作，逐级报告事故调查处理决定和开展“举一反三”工作情况。

（2）事发企业安全职能部门按照对事故有关责任人的赔偿处罚决定，给出安全生产责任处罚赔偿意见。事发单位人力资源管理部门和财务管理部门应当按照责任处罚赔偿意见要求，实施行政处罚、扣款，出具行政处罚决定、扣（缴）款凭证，履行赔偿处罚手续。

（3）事发企业安全职能部门负责将安全生产事故调查报告、事故调查处理决定和安全生产责任处罚赔偿意见以及行政处罚决定、扣（缴）款凭证等复印件，经加盖企业章后一并上报上级安全职能部门备案，并将安全生产事故调查报告、事故调查处理决定登录在监管平台“安全生产事故调查处理”栏。

3.6 履职考核管理

3.6.1 公司实行主要负责人年度履行安全生产工作绩效评价制度，评价结论纳入其“年收入奖励”否决性指标之中。

3.6.2 根据责任管理规定和与事发企业主要负责人签订的年度安全生产工作责任书有关条款，对其完成年度安全生产履职条款情况、重点工作、重点事项和开展安全生产日常监督工作等进行评价打分。

3.7 事故责任处罚赔偿款的收缴与使用

事故责任处罚赔偿款由事发单位财务管理部门代扣，入财务部门总账，单项列支；累计责任处罚赔偿款的 ××%，可用于安全管理奖励，其余列作安全专项费用。

3.8 事故相关责任人的权利

3.8.1 事故相关责任人对安全生产责任处罚赔偿意见、行政处罚决定不服的，可在收到安全生产责任处罚赔偿意见、行政处罚决定当日起 5 个工作日内，向企业劳动争议调解委员会（工会）申请调解。

3.8.2 当事故相关责任人对企业劳动争议调解委员会（工会）的调解意见不

服的，可在收到调解意见结论当日起10个工作日内，向上级公司安全生产委员会提请复议，也可依法申请劳动争议仲裁、行政复议，或者提起行政诉讼。

3.8.3 对因工负伤事故直接责任人的赔偿处罚，实行《企业职工工伤保险待遇》与事故责任赔偿相分离。

3.9 事故经济损失的统计

3.9.1 工伤事故的直接经济损失，按《企业职工伤亡事故经济损失统计标准》统计。

3.9.2 火灾事故经济损失，按《火灾直接财产损失统计方法》统计。

3.9.3 交通事故经济损失，按《道路交通处理办法》统计。

3.9.4 其他责任事故经济损失，按单位财务部门对该事故处理终结后的实际发生额统计。

拟定		审核		审批	

第三节 安全事故事后处理表格

一、安全生产事故调查与处理表

安全生产事故调查与处理表

<table>
<tr><td>部门名称</td><td colspan="3"></td><td>受害人</td><td colspan="2"></td></tr>
<tr><td>岗位</td><td></td><td>年龄</td><td></td><td>工龄</td><td colspan="2"></td></tr>
<tr><td>事故发生的时间</td><td colspan="2"></td><td>事故发生的地点</td><td colspan="3"></td></tr>
<tr><td>事故类别</td><td colspan="2"></td><td>事故性质</td><td></td><td>事故类型</td><td></td></tr>
<tr><td colspan="7">事故经过：</td></tr>
<tr><td colspan="7">事故原因分析（说明发生事故的起因物、致害物、不安全状态、不安全行为，间接原因和直接原因）</td></tr>
<tr><td colspan="7">事故处理结果（按照“四不放过”的原则）：</td></tr>
<tr><td colspan="4">调查人：</td><td colspan="3">日期：</td></tr>
</table>

二、安全事故调查报告

安全事故调查报告

调查部门：　　　　　　　　　　　　调查人：　　　　　　　　　　　　调查日期：

<table>
<tr><td>事故发生部门</td><td colspan="3"></td><td>处／车间</td><td></td><td>班／组</td><td></td></tr>
<tr><td colspan="8">安全事故责任人及相关安全管理干部信息</td></tr>
<tr><td colspan="2">姓名</td><td colspan="2">职务</td><td colspan="2">姓名</td><td colspan="2">职务</td></tr>
<tr><td>事故当事人</td><td></td><td colspan="2"></td><td>直接上级（班组长）</td><td></td><td colspan="2"></td></tr>
<tr><td>直接责任人</td><td></td><td colspan="2"></td><td>间接上级
（车间主任／班长）</td><td></td><td colspan="2"></td></tr>
<tr><td>间接责任人</td><td></td><td colspan="2"></td><td>安全主管</td><td></td><td colspan="2"></td></tr>
<tr><td>事故过程描述</td><td colspan="7"></td></tr>
<tr><td rowspan="7">事故调查情况</td><td colspan="7">签字：　　　　　日期：____年___月___日</td></tr>
<tr><td>被调查人一</td><td>姓名</td><td></td><td>职务</td><td></td><td>联系方式</td><td></td></tr>
<tr><td colspan="7">签字：　　　　　日期：____年___月___日</td></tr>
<tr><td>被调查人二</td><td>姓名</td><td></td><td>职务</td><td></td><td>联系方式</td><td></td></tr>
<tr><td colspan="7">签字：　　　　　日期：____年___月___日</td></tr>
<tr><td>被调查人三</td><td>姓名</td><td></td><td>职务</td><td></td><td>联系方式</td><td></td></tr>
<tr><td colspan="7">签字：　　　　　日期：____年___月___日</td></tr>
<tr><td>事故原因分析</td><td colspan="7"></td></tr>
<tr><td>下步改进措施</td><td colspan="7"></td></tr>
<tr><td>事故责任追究</td><td colspan="7"></td></tr>
<tr><td>事故责任部门负责人意见</td><td colspan="7"></td></tr>
<tr><td>运营总监审阅意见</td><td colspan="7"></td></tr>
</table>

注：（1）事故当事人必须对事故过程进行签字确认（如有特殊情况，由当事人直接上级确认）。

（2）被调查人员必须对所述内容进行签字确认；一般情况下，被调查人应包括 1 ~ 2 名事故发生现场人员、事故当事人的直接上级和间接上级，其中对事故发生现场人员的调查侧重于对事故发生过程的调查，对事故当事人上级的调查侧重于对事故应急处理的过程调查。

（3）安全事故报告须同时采用电子文件、纸质文件上报，纸质文件必须由事故责任单位第一负责人签字确认。

（4）报告部门必须认真填写本报告单中的相关信息，不得遗漏。报告单格式不得进行修改，如确有必要，可另附页进行补充说明。

三、生产安全事故调查报告书

生产安全事故调查报告书

事故单位：________________
事故日期：________________
伤亡情况：________________
事故类型：________________

一、单位概况
企业详细名称：______________
地址：______________
经济类型：______________　　行业分类：______________
隶属关系：______________　　直接主管部门：______________
从业人员总数：______________　　企业规模：______________
联系人：______________　　联系电话：______________

二、事故概况
事故地点：
事故发生时间：
事故类型：
事故严重级别：
事故损失工作日：
事故原因：

三、人员伤亡情况：
死亡________人、重伤________人、轻伤________人。

姓名	性别	年龄	文化程度	用工形式	工种	级别	本工种工龄	安全教育情况

伤害部位	受伤程度	损失工作日	伤害程度	籍贯

四、本次事故经济损失：________万元
（1）直接经济损失：________万元
① 人员伤亡后所支出的费用：________万元
② 善后处理费用：________万元
③ 财产损失价值：________万元
（2）间接经济损失：________万元
① 停产、减产损失的价值：________万元

② 工作损失价值：________万元
③ 源损失价值：________万元
④ 治理环境污染的费用：________万元
⑤ 补充新员工的培训费用：________万元
⑥ 其他损失费用：________万元

五、事故详细经过

六、事故原因分析和事故性质认定
（一）事故发生的直接原因
1.
2.
（二）事故发生的间接原因
1.
2.
（三）事故发生的主要原因
1.
2.
综合以上原因，事故调查组认为事故的性质是一起（自然事故、意外事故、技术事故、责任事故、非责任事故）

七、事故责任认定和对责任者处理的意见
1. 直接责任者：

2. 主要责任者：

3. 领导责任者：

八、总结事故教训

九、事故防范和整改措施

十、附件：相关资料

十一、调查组成员名单

姓名	单位、职称及职务
组长：	
副组长：	
成员：	

负责人（签名）：
报告人（签名）：
报告日期：______年____月____日
报告单位：